図解 CFRPによる自動車軽量化設計入門

小松 隆 著

日刊工業新聞社

《はじめに》

18世紀の後半、イギリスから始まった産業革命以来、現在も加速して進んでいる地球の温暖化は、異常ともいえる気象現象をはじめ、多くの種が途絶えるのではないかという生物の存続に関わる危機的な状況までつくり出している。私たち人類も決して例外ではなく、大規模自然災害、異常な高温がもたらす人体への影響、多くの国や地域で水や食料が大量に不足するなどの深刻な被害が拡がっている。

その主な原因が、人間のつくり出す大量のCO_2であるとすれば、毎日膨大なCO_2を排出している自動車を何とかすることが有効な対策の一つであるということになる。「何とかする」ということは、もちろん自動車の数を減らすことではなく、重量を減らすことである。重量を減らすことができれば徐々にではあるが確実にCO_2を削減することができるし、温暖化を引き戻す大きな効果も生むことができるはずである。自動車の大幅な軽量化を急がなければならない背景はここにもある。

軽量化は設計で決まる、といえよう。どういう材料を使い、どういう加工法でつくるのか。

今まで自動車の車体はスチールを主体につくられてきたことにより、鋼板の材料技術や成形加工技術は著しい進化を遂げてきた。しかし、車体の構造は航空機の軽量化設計から由来しているといわれるモノコック構造を長く踏襲してきたために、新しい発想による車体構造が生み出されてこなかったのである(極めて少ない例としてアルミ押し出しスペースフレーム構造がある)。このことから、今後の軽量化材料として注目を集めているCFRPは今までのスチールと同じ車体構造で設計することが良いのかという疑問が出てきても不思議ではない。

CFRPは金属とは全く性質の異なる炭素繊維と樹脂の複合材であり、非常に高い引張強度を保有している一方で、スチールやアルミに劣る特性も持っている。今までのようにモノコック構造を前提にした車体設計の考え方だけではCFRPが本来持っている軽量化の優位性を引き出すことは難しく、したがって、さらに新しい発想や設計の考え方を従来のものに加えていくことが求められるのである。

しかし、今までCFRPに関連する技術情報、研究レポート、書籍などは、材料や成形加工法に関するものが殆どで、車体の軽量化にどのような使い方をしていくのか、どのような設計をしていくのかという軽量化設計の考え方や方向性を示したものは非常に少ない。

本書は、これからCFRPによる自動車の軽量化を考えていく設計者だけではなく、スチールやアルミによる軽量化を考えている設計者も対象にした自動車軽量化設計の入門書である。CFRPによる軽量化設計は、スチールでつくられてきた設計の考え方と全く違うものであってはならない。むしろスチールによる軽量化設計を基本から学ぶことが何よりも大切なことであり、その上でスチールとは違う新しい構造と軽量化設計技術が育っていくものと考える。

このような本書の趣旨から、自動車の最も重い部品であるボディに焦点を当て、乗用車の一般的な開発の流れも加えてできるだけわかりやすく解説するように努めた。すべてを読む時間が取れない方にも短い時間で全体のイメージを把握していただけるように、多くの図と表を入れることにした。また、自動車の開発に直接携わっている設計者、技術者の方々だけではなく、生産、営業、管理などの業務に携わっている方々、学生や研究者の方々にも気軽に読んでいただけるよう内容も工夫したつもりである。筆者の40年にわたる自動車車体設計の経験が本書を通じて読者の方々に少しでもお役に立つことができればこの上ない喜びである。

本書の発行にあたり、日刊工業新聞社出版局書籍編集部の天野慶悟氏には貴重なアドバイスと多大なご尽力を頂いた。ここに心から感謝の意を表す。

2017年1月

小松　隆

《目　次》

第1章

自動車軽量化設計のあらまし

1-1 軽量化と設計

自動車は、その長い歴史の中で常に軽量化の努力をしてきたにもかかわらず、この30数年間におよそ400キログラム以上も重くなっている（**図1.1**）。自動車を設計する現場では、1gでも軽くするために、小型化や薄肉化、無駄な材料を削るなど徹底した軽量化設計を進め、アルミや樹脂など軽量化材料の採用にも積極的に取り組んできた。しかし、それにもかかわらず、それを上回る重量が増えたのである。

重量が増えた最も大きな理由は、衝突安全向上対策だと云われている。乗員の安全を守る基準が年を追うごとに厳しくなってきた。その結果、交通事故による死者は年々減少する傾向になったが、その安全を守る対策によって次第に車体が重くなり、自動車から排出されるCO_2ガスも増えていくことになる。これが地球温暖化をもたらしている主要な原因の一つに挙げられている。今後も、衝突安全性の向上を目的とする各国の基準づくりが広がり、一段と厳しくなると予測されている中で、車体の重量をマイナスに転じさせていくことは、従来から受け継がれてきた軽量化設計の考え方だけでは非常に難しい状況になってきている。

近年、航空機の機体を軽量化するために開発が進められてきたCFRP（炭素繊維強化樹脂）を自動車のボディに採用しようとする研究開発が、日本を始め世界でも活発に進められるようになった。しかし、航空機で培ってきたCFRPの技術をそのまま自動車に応用していくことは現実的には難しい。何故なら、航空機の機体と自動車の車体に求められる要求特性が大きく異なるのである。自動車の車体では、強度と剛性と共に、衝突安全性が最重要テーマとして扱われ（**図1.2**）、材料仕様や車体の構造がこの衝突安全対策によって決まることが多い。したがって、CFRPを例えば自動車の最重量部品であるボディに採用しようとする場合は、材料技術や成形加工技術だけではなく、CFRPに特化した構造設計技術が必要になる。

本書では、世界の自動車メーカーとサプライヤー、研究機関などから、今後の軽量化に大きく期待を寄せられている「自動車ボディ」に焦点を当て、ボディ設計の考え方やボディに求められる要求特性、性能評価法、成形加工法などを学びながら、CFRP による自動車の軽量化設計について考えていくことにする。

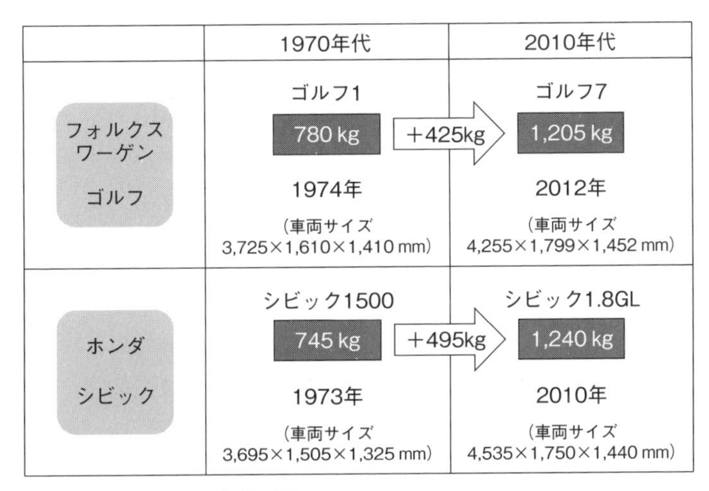

	1970年代	2010年代
フォルクスワーゲン ゴルフ	ゴルフ1 780 kg 1974年 (車両サイズ 3,725×1,610×1,410 mm)	ゴルフ7 1,205 kg 2012年 (車両サイズ 4,255×1,799×1,452 mm)
ホンダ シビック	シビック1500 745 kg 1973年 (車両サイズ 3,695×1,505×1,325 mm)	シビック1.8GL 1,240 kg 2010年 (車両サイズ 4,535×1,750×1,440 mm)

図 1.1　自動車の重量変化

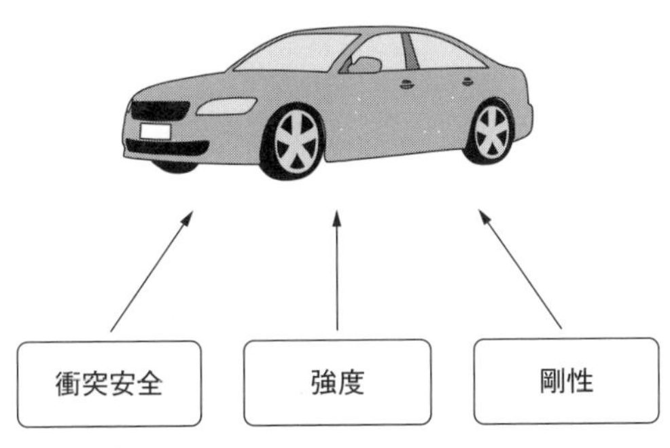

図 1.2　自動車の車体重量を決める 3 要素

1-2　地球温暖化と自動車

地球の温暖化をもたらしている原因は自動車から排出されるCO_2ガスが増えたことによると言われている。

図1.3を見て頂こう。温暖化が、産業革命以降急速に進んでいる。

太陽活動や火山活動など「自然を起源とするもの」だけではほとんど気温の変化は無いが、「人間がつくり出すものによる起源」が加わる産業革命以降は、温度が急激に上昇しているのである。さらに、将来を予測したシミュレーションでは、あと数十年もすれば確実に2℃以上は上昇するという結果が出ている。このプラス2℃は私たちが住む地球にどういう影響を与えることになるのであろうか。

英国の財務省が2006年に公表した「気候問題の経済的側面に関するレビュー」いわゆるスターンレビューによる資料**図1.4**では、多くの「種」が絶滅の危機に陥り、飢餓の危機にさらされる人々が増加する。また、森林火災や洪水、熱波などが更に強さを増すなど、このままでは人類生存の危機が確実に訪れることになる、と警告を発している。さらにIPCC（気候変動に関する政府間パネル）評価報告書では、これからの100年間でどの位の気温が上昇するかを予測したシナリオを発表しているが、それによると「おおよそプラス2℃前後」としている。そこで国連でも、世界の各国政府に対して「産業革命以降の温度上昇をプラス2℃未満に抑える」という共通の目標を掲げて、加盟国ごとに具体的な削減の取り組みを求めるようになった。

「人間がつくり出すものによる起源」の主要なものの一つに、産業革命後急速に増え続けているCO_2があることは明らかで、そのCO_2を大量に排出している発生元は何かといえば、自動車が先ず挙げられる。現在、地球上で保有されている乗用車は約8億台、トラックとバスを合わせると約11億5千万台にのぼるといわれている。

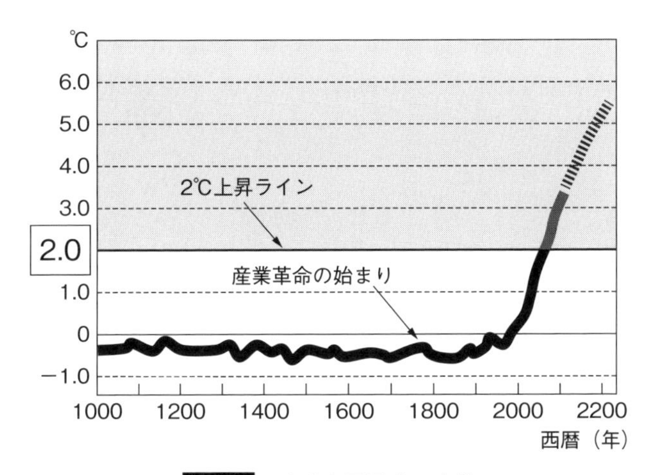

図 1.3　地球表面温度の変化

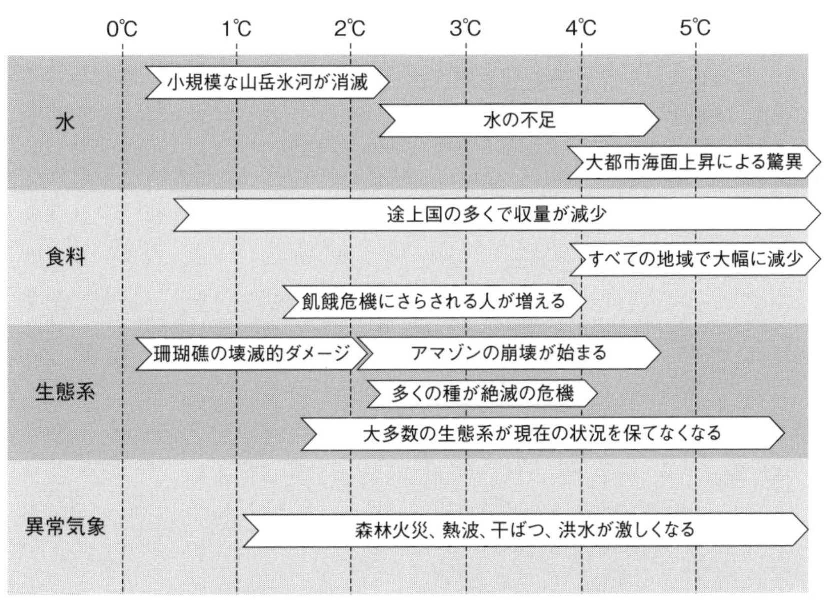

出典：IPCC地球温暖化第3次レポートより

図 1.4　気温上昇による生態系等の影響

図 1.5 は、自動車の車両重量と CO_2 排出量の関係を表したものである。平均的な乗用車の車両重量を 1,350 kg としたときの排出量は、1 km 走行当り 150 g から 250 g ほどになり、地球全体では、毎日膨大な量の CO_2 が自動車から排出されていることになる。

日本、米国、EU では、それぞれ独自に燃費目標または CO_2 排出目標を掲げており、環境問題に高い意識を持つ EU では、2015 年までに 1 km 走行当り平均 120 g 以下、2021 年までには 95 g 以下に抑えることを規制の目標にしている（**図 1.6**）。そして、各自動車メーカーの全車種平均排出量が 2015 年の規制値（2015 年まで段階的に設定されている）を超えた場合は、1 g 超えるごとに 1 台当り 95 ユーロのペナルティーを支払うようにしている。自動車メーカーとしてみれば、例え 1 g でも超えることになれば莫大な金額になるので、そうならないように環境技術の開発に取り組まざるを得なくなる。

EU が 2021 年に規制目標にしている 95 g/km を、仮に平均的な車両重量である 1,350 kg の乗用車が重量軽減だけで達成しようとすると、30 %～40 % の軽量化を達成しなければならないことになる。当然、エンジンの燃焼効率や駆動系の機械効率をさらに高め、タイヤのころがり抵抗を減らすなどの要素技術開発は今後も継続されるものの、やはり車両そのものを軽量化していくことを避けて通ることはできない。しかし、実際に 40 % もの軽量化をスチールもしくはアルミだけで達成していこうとすると、現実的にはかなり難しいことから、最近の研究開発では、ボディのマルチマテリアル化や CFRP 採用化に関するテーマにも重要視されるようになった。

ボディのマルチマテリアル化は、従来のオールスチールやオールアルミという考え方ではなく、マグネシウム、樹脂、CFRP なども加えた様々な材料を適材適所に採用し、重量、コスト、性能などの最適化をはかっていこうとする考え方についても研究が進められている。

ボディの CFRP 化は、

1. ボディ全体に採用する考え方

2. ドア、フード、フェンダー、トランク／テールゲートなど、ボルトとナットで組付ける部品に限定する考え方
3. 骨格の一部にも採用する考え方

などがあり、軽量化とコストのバランスと共に、地球の環境を守るという社会的な責任も含めて、自動車メーカーは、今後軽量化をどういう方向に向かわせていくのか、難しい選択を迫られることになる。

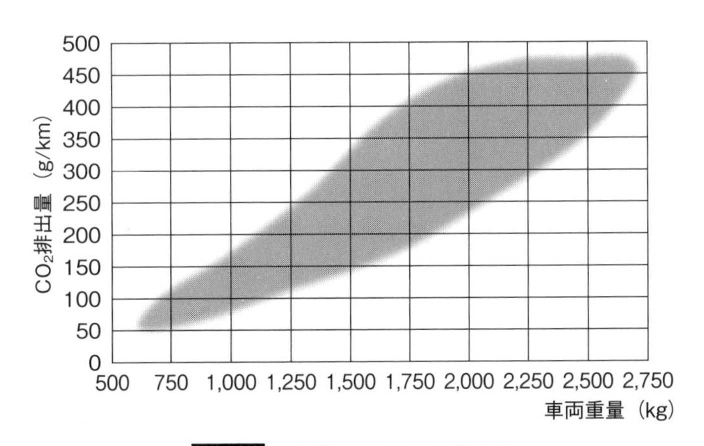

図 1.5　車両重量と CO_2 排出量

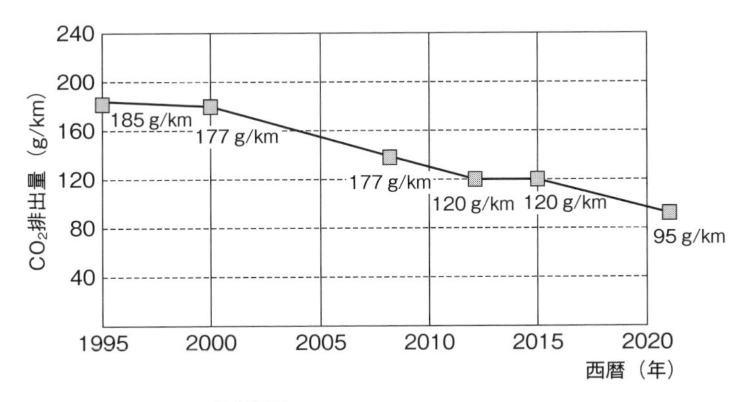

図 1.6　欧州の CO_2 排出量目標

1-3　自動車は年々重くなってきた

1-1 で述べたように、自動車は年々重くなってきている。なぜこのように重くなってしまったのか。

図 1.7 を見るとその理由が明らかになる。特に重くなっている上位 3 つに注目すると、第一は衝突安全対策によるボディの重量増、第二はエンジン性能の向上（パワーアップ）による重量増、そして第三は電装部品追加や電子コントロールなど電子化による重量増となっている。この 3 つを合計すると、重量増全体の 50 % を超えている。

第一の衝突安全対策は、車両単独事故だけでなく、車対車の事故、EU で実施されているポールへの衝突事故、さらに、アメリカの IIHS でアセスメント評価として、1995 年の 40 % オフセット前面衝突試験に加えて 2012 年から実施されるようになった 25 % オフセット前面衝突試験（**図 1.8**）など、実際に発生した様々な交通事故例の分析から、より現実に近い衝突事故をフォローできるアセスメント評価が実施されるようになった。各自動車メーカーは販売する国の法規や基準に適合するように、ボディを中心とした衝突安全対策を講じてきた結果、年を追うごとに重量が増加するようになったのである。

第二のエンジン性能の向上は、運転する快適性と楽しさをユーザーに提供し続け、他社車より商品魅力を高めようとすると、エンジンの排気量を増やし、ミッションは高機能化へと向かうことになる。その結果、重量が増えてきたのである。

第三の電子化は、運転する快適性と安全性を高めようとすると、情報を処理し、表示する電子装備品とその情報を伝達するハーネスなどが増えることになり、必然的に重量が増えることになった。

以上のような状況から、自動車全体を軽量化していくことが地球の温暖化防止に大きな効果をもたらし、特に、400 kg 近い重量のボディそのものを軽くしていくことが最も効果的であるという考え方が世界中で強くなってきている。そのためには、今までのスチールだけに止まらず、アルミや CFRP にも積極的に材料置換していこうとする流れが強まり、この流れは今後さらに加速していくことになるであろう。

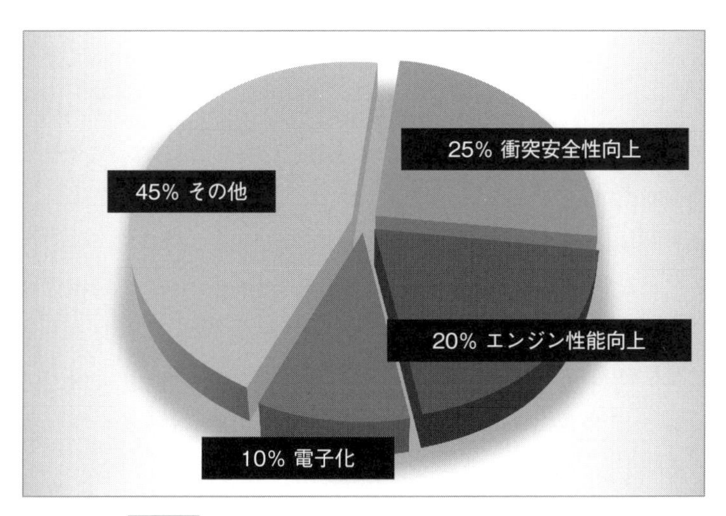

図 1.7　乗用車の重量が増加してきた要因比率

図 1.8　米国 IIHS で実施されている 40 %と 25 %オフセット衝突試験（40 MPh）（IIHS＝Insurance Institute for Highway Safety）

1-4 自動車はどのような部品でつくられているか

図 1.9、**図 1.10** はある乗用車（2リッタークラス）の主な部品名と車両全体に対する重量割合を示したものである。重い部品から順番に、ボディ、エンジン、サスペンション…となり、軽い部品ではシートベルトなどがあげられる。

ボディは、車体の骨格を構成し、エンジン、サスペンションなど重量の多い機能部品から小型の部品までを搭載、組み付ける最も重い部品である。小さいものでは数 cm から、大きいものでは3メートルを超えるパネルまで、多くのプレス成形部品を集合してつくられた構造体でもある。その構造体に、ドア、フード、フェンダー、トランクまたはテールゲートがボルトで組み付けらており、全体をホワイトボディまたは単にボディと呼んでいる。ホワイトボディとは、組立工程に入る前のまだ何も取り付けられていない塗装前あるいは塗装後（塗料、防振・防音用アスファルトシート、隙間に塗布するシーラーなどが付着している状態）のものをいう。

内装部品は、塗装後むき出しになっているボディの室内形状に合わせてカバーする樹脂製のライニング類やフロアカーペットなどをまとめて呼んでいる。

バンパーは、エクステリアデザインされた樹脂（PP＝ポリプロピレン）製の成形品、低速で衝突したときの車両ダメージを軽減させるスチール製もしくはアルミ製のビームが組み付けられている。

全体の車両重量は、車の仕様（車種、サイズなど）によっても異なるが、ボディは約4分の1、これにエンジン、シャシーを加えると2分の1近くになる。

ボディの設計作業は、開発の早い段階で、使用する材料のグレードや板厚などの材料仕様や成形加工法の選定、要求特性（衝突安全性や強度、剛性、長期耐久性、生産技術性、品質安定性など）や開発要件などに適合する構造設計などを平行して進めている。これらの作業の中では、エンジンやシャシーなど他の領域に比べても、軽量化への様々なアプローチが広がるボディに期待が集まることになる。このような背景から、ボディをつくる材料をスチールだけに止まらず、アルミ、ステンレス、マグネシウム、そして最も期待の大きいCFRPを含めた高いレベルの車体構造設計技術の開発が求め強く求められている。

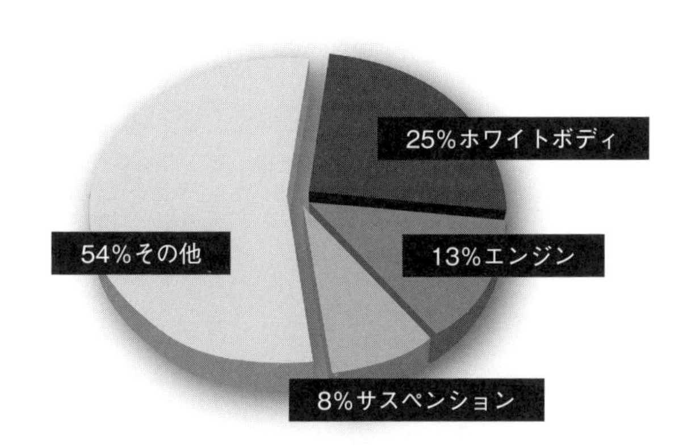

図 1.9　乗用車構成部品の重量比率

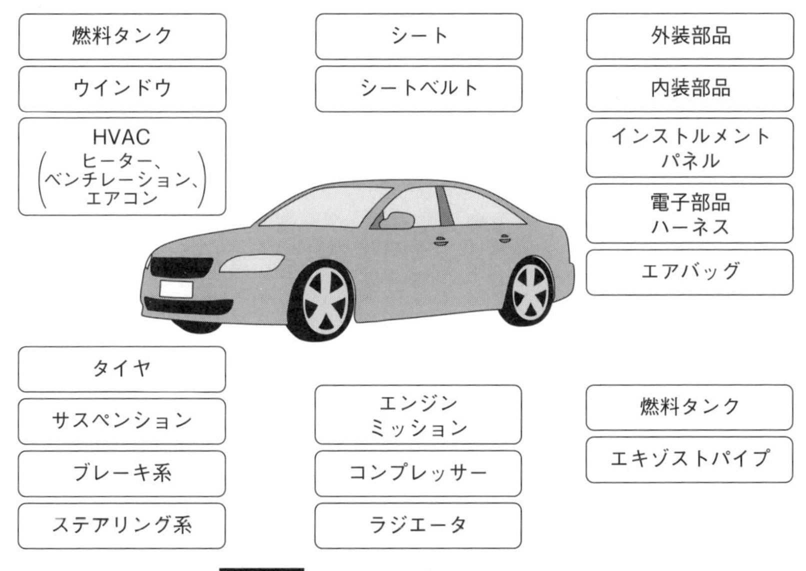

図 1.10　自動車を構成する主な部品

1-5 自動車はどのようにつくられているか

自動車を製造していく過程は、ボディから考えていくとわかりやすい。

現在ほとんどの自動車に採用されているスチール製モノコックボディは、鋼板のコイルまたはシート材をプレス機で成形加工したパネルを、設計図面に指示されたアッシー形態に従って溶接用治具にセットして接合する。この接合された小単位の部品をさらに何段階もの溶接接合工程を経て構成する部品を増やしながら、1台のボディを完成させる。以上の工程は、サプライヤーから小単位のアッシー形態で納入されたものと自動車メーカーで内作されたものを自動車メーカーの溶接工場ラインで全体を接合していく。スポット溶接などで接合する点数は全体で4,000点を超える。その後、ドア、フード、トランク、テールゲート（バックドア）、フェンダーなどの組み付け部品をボルトで組み付けて完成させる。（**図1.11**）

次に塗装工程に入り、まず表面に付着している油やチリなどを取り除く前処理、そして防錆処理の電着塗装を施す。その後、部品同士の合せ部に生じる隙間や穴にシーラーを塗布して、外部からの水やホコリの侵入を防ぐようにする。さらに防振・防音用シートを貼付して、塗装設備の温度で焼き付けした後、中塗り、上塗りなど数回の塗装を施して、ようやく次の組立工程に入る。

組立工程では、塗装を終えたボディをハンガーまたはコンベアーに載せ、そのまま移動させながらエンジン、ミッション、サスペンション、タイヤその他の部品を組み付けた後、完成車検査を受けて完了する。この組み立て工程では、タクトタイムを1分以下に収めるために、多くの部品はあらかじめサプライヤーまたは工場内で小単位にアッシーされたものをメインラインで組み付けることになる。

ボディには基本的にすべての部品が付けられる。エンジンやミッションのような重量物を搭載し、サスペンションのように高い精度で何ヵ所もボルト締めするもの、フロントガラスのように全周にロボットを使って接着剤を塗布し、バキュームロボットを使ってボディの接着用フランジに載せるものなど、実にさまざまな作業が行われる。組立完了後の完成車精度を高めていくには、ベースとなるボディに高い精度と剛性、造りやすさが求められるのである。

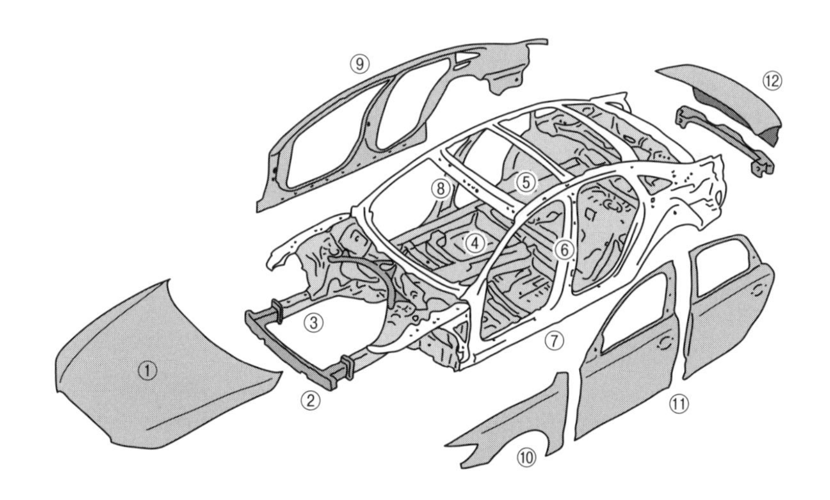

自動車の主なボディ部品	
①フード	⑦サイドシル
②バンパービーム	⑧フロントルーフレール
③サイドフレーム	⑨サイドパネルアウター
④Ａピラー	⑩フェンダー
⑤サイドルーフレール	⑪ドア
⑥Ｂピラー	⑫トランク（バックドア）

（　）はゲートタイプ

図1.11　ボディ部品の名称（自動車メーカーにより異なる）

1-6 自動車のボディはどのようにつくられているか

ボディを設計するとき、以下のような観点から設計の構想を決めていく。

ボディ設計構想の基本的な観点とは、

1. 軽量であること
2. 強度、剛性などボディに要求される様々な特性を満足すること
3. 万一の衝突時に、乗員の安全を守れること
4. 低コスト、低投資であること
5. 効率の良い生産が可能で、高い品質を維持できること

これらの観点は、車の開発コンセプトなどによってもそれぞれの重みづけが変わることもあるが、ボディの材料がスチールからアルミやCFRPになったとしても大きく変わることは無い（**図1.12**）。

次に、設計の構想に基づいて実際の設計を進めていくことになるが、ボディの場合には、レイアウトによる「構造の成立性」を事前に確認をする必要がある。

最初の設計が終わると、試作用の金型で数十台の試作車を製作する。この試作車を使って各種の試験評価がおこなわれ、ホワイトボディ（防錆塗装後の何も組付けてない状態）で試験をするものと、完成車で試験をするものがある。ホワイトボディでは、シートベルトアンカレッジ試験などがあり、完成車では、騒音振動試験、耐久走行試験、衝突試験など様々な種類のものがある。そして、試験の結果により、対策が必要な場合は設計変更され、再度、実試験やCAEで確認、評価をしながら、すべての要件に適合するまで完成度を高めていく。

試験を開始してから数ヶ月後に、いよいよ量産用の金型、治具などの製作をスタートさせることになる。量産用の生産設備が揃った段階で、サプライヤー

から小単位のアッシー状態で納入されたものを、自動車メーカーの工場ラインでボディ全体を完成させていく。その後は、前述したように塗装工程を経て完成車組立工程に進んでいく。この時期は、すでに量産の準備段階に入っているので、生産性、品質などについても細かい課題の抽出がおこなわれる。

ボディのつくり方は、自動車メーカーによっても多少の違いがあるが、スチール製モノコック構造である限り、今後も大きな変化は無いであろう（**図 1.13**）。

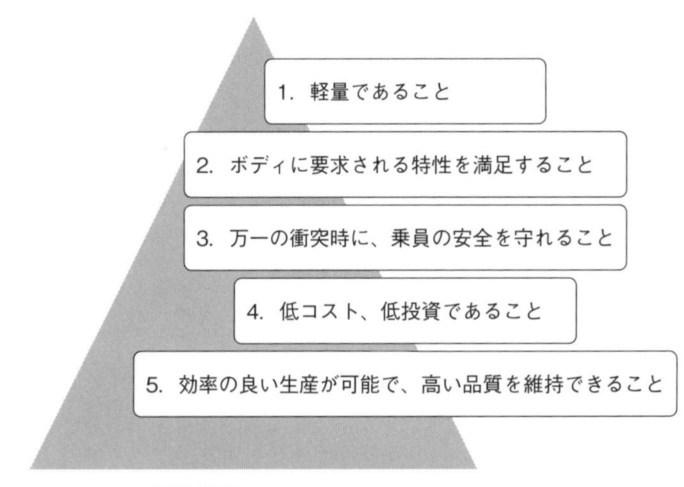

図 1.12　ボディ設計構想の基本的観点

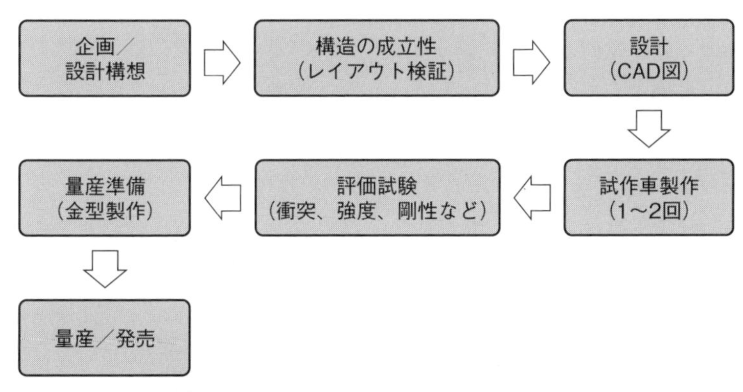

図 1.13　自動車ボディの一般的な開発手順

1-7 モノコック構造とは何か

自動車のボディは、フレームによるラーメン構造で成り立っている。そして、現在は、自動車が誕生した初期のような厚板で大型のシャシーフレームの上にボディを載せる構造ではなく、すべて薄板による閉じた断面（閉断面）と開いた断面（開断面）そして広い面積のパネルが接合されてつくられている。衝突荷重やサスペンションからの入力荷重など、ボディが受けるすべての外力をこの構造体で受け持っている。したがって、デザイン外板の0.8 mmほどの薄い板であっても、それなりに外力による応力を分担することになる。この方式でつくられる構造を、モノコック構造（Monocoque Structure）という。モノコック構造が応力外皮構造とも言われている理由はここにある。元々は、航空機の機体設計で使われてきた軽量化構造の考え方で、近年、自動車にも応用されるようになった。**図1.14**に、主に使われているフレーム断面を示した。

このようなモノコックボディに、エンジンやミッション、サスペンション、ラジエータ、燃料タンクなどを、企画時に検討したレイアウトの場所に取り付ける。この場合、開断面のフレームでは支えきらないので、閉断面のフレームを用いることになる。例外として、サスペンションの上下入力荷重を受けるような場所では閉断面を設定することは難しいので、一般的には、厚板を使って開断面の板場でも十分耐えられるような構造を採用することが多い。

乗員の快適な室内空間であるキャビンの骨格フレームは、ドアのヒンジ（上下2点）をAピラー（フロントドア前方に位置するボディ側フレーム）とBピラー（リヤドア前方に位置するボディ側フレーム）に取付けたり、前後のガラスウインドウを接着剤で取り付けたりするので、図1.14のような構造になる。デザインを表現する外板のサイドパネルは、この骨格フレームと溶接で接合することで必然的に外力が負荷されることになる。

モノコック構造の特徴としては、①薄板ラーメン構造で、軽量かつ高剛性②

衝突時、変形によるエネルギー吸収特性が良く、変形のモードも比較的コントロールしやすい③各部品は、精度の高いプレス成形品と治具設備による溶接接合のため、少量生産車から多量生産車まで高品質な車体を生産することができること、などが挙げられる。（**図 1.15**）

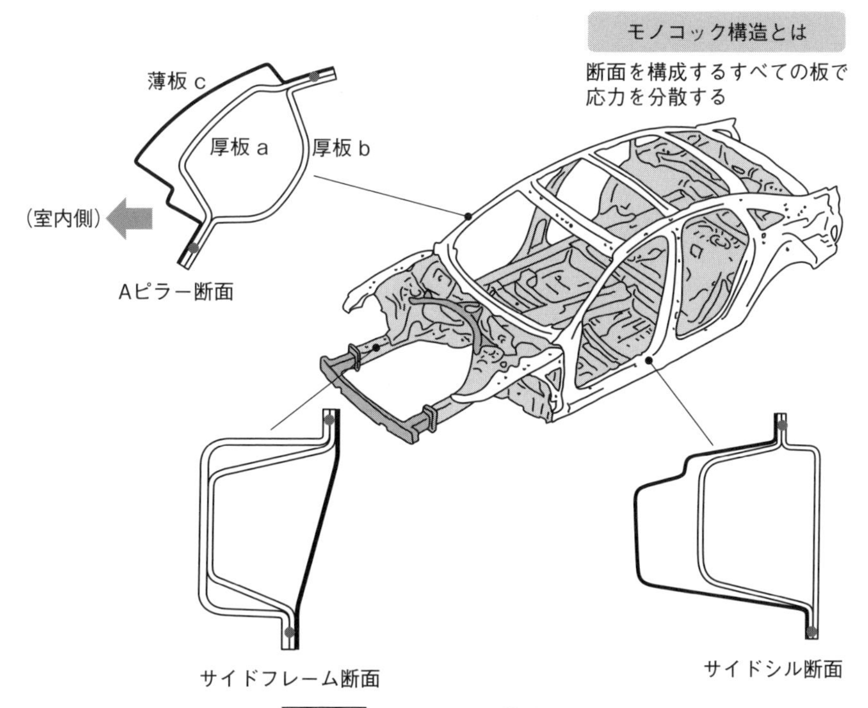

図 1.14　モノコック構造とは

軽量高剛性	薄板閉断面のラーメン骨格構造により軽量かつ高剛性
衝突安全性	衝突時のエネルギー吸収特性が良い
品質・生産性	高品質な車体を効率良く生産できる

図 1.15　モノコック構造の特徴

1-8　軽量高剛性ボディとは何か

自動車はいつの時代も軽くて剛性の高い車体が求められてきた。軽くすれば駆動源であるエンジンの負担（電気自動車であればバッテリーの消費）が少なくなり、燃費が改善され、有害な排出ガスの量も減らすことができる。また、車体の剛性を高くすることができれば、多少の凹凸がある路面でも乗員の頭の移動が小さくストレスが少なくなり、快適に運転することができる。また、悪路走行時の微小な変形によるキシミ音、また、ルーフやフロアなど大きな膜面が振動することにより発生する不快なこもり音なども気にならなくなる（**図1.16**）。

最近の車ではあまり見られなくなってきているが、信号待ちでブレーキペダルを踏んで停車しているとき、AT車であればハンドルやシートがブルブルと震えることがある。また高速道路などで速度を上げていくと急に車体全体が振動することがある。いずれもエンジンや路面から受ける振動入力に対して、車体がもつ固有振動数と一致したために発生する共振という現象である。これを避けるには、車体の剛性を高めて外力の振動数と車体の固有振動数をずらす（通常は車体の振動数を高くする）か、共振しても力ずくで振巾を小さくするなどの対処法がある。また、車体全体の剛性だけではなく、局所的にも剛性が低いと商品性を著しく低下させることがある。例えばサスペンションを取付けているボディ側の剛性が低い（メカニカルインピーダンスが低い）と、走行中の路面状況や運転状況によってはその近傍の振巾が大きくなることがある。このような場合は、サスペンションの性能を充分に発揮させることができず、操縦安定性にも影響を及ぼすことにもなる。また、繰り返し大きな荷重を受けることになれば、最悪ボディ側の取付け部が破損することにもつながりかねない。

以上は走行中の動的な車体剛性についてであるが、静的な剛性にも配慮しなければならない。例えば、フロントドアはAピラーに、リヤドアはBピラーにそれぞれ上下2ヵ所のヒンジに取り付けられるが、そのヒンジを取付けてい

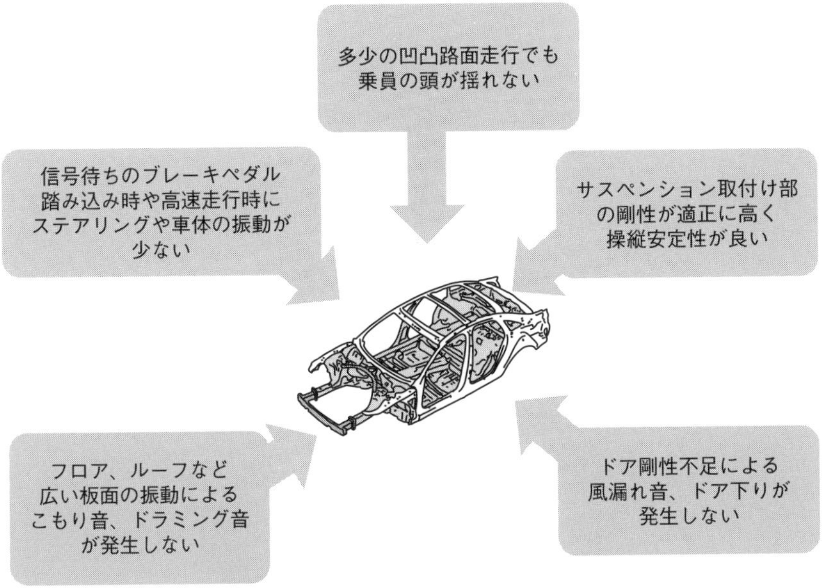

多少の凹凸路面走行でも
乗員の頭が揺れない

信号待ちのブレーキペダル
踏み込み時や高速走行時に
ステアリングや車体の振動が
少ない

サスペンション取付け部
の剛性が適正に高く
操縦安定性が良い

フロア、ルーフなど
広い板面の振動による
こもり音、ドラミング音
が発生しない

ドア剛性不足による
風漏れ音、ドア下りが
発生しない

図 1.16　高剛性ボディといえる主な項目

断面	設計目的	部品例	特徴
	・比較的強度を必要としないとき	・ラジエーターサポート	・溶接が不要 ・金型、治具が削減
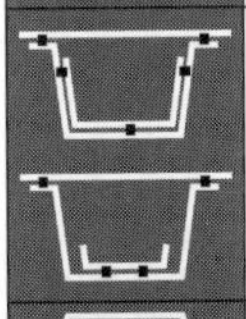	・フロアーパネルなど大きな面積の板面を利用する。 ・サスペンションの取り付け部位	・フロアーフレーム	・パネルは一般的に薄い板厚なので、断面性能のバランスはあまり良くない ・形状の自由度が小さい
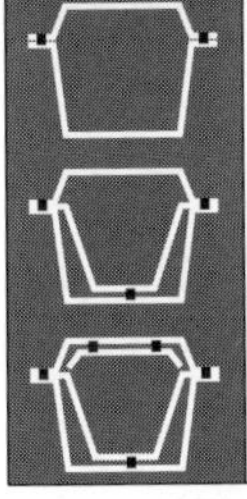	・利用できる大きなパネルが無いとき ・単独で閉断面骨格をつくる	・サイドフレーム ・サイドシル ・Aピラー ・Bピラー ・ルーフレール	・形状の自由度が大きい ・重量が重くなる ・金型、治具が多くなる

図 1.17　自動車ボディの剛性を決める主な骨格の断面例

るボディ側あるいはドア側の剛性が不足していれば、ドア全体が僅かだか斜めに下がってしまうことになる。そうなると、ドアとボディの間をシールしているゴムの反力が設計の設定どおりにならず、走行中に室内の空気が吸い出され、気になるノイズとして聞こえるようなことにもなる。

図 1.17 にスチールボディ骨格の一般的な断面を示したので CFRP で設計する際の参考にして頂きたい。

最近、ボディ部品の軽量化加工法としてホットスタンピングの採用が拡大している。その最大の特徴は、素材（590 MPa 級の鋼板）の加工後にはその 3 倍近い 1,500〜1,800 MPa という非常に高い引張強度をもつ材質に変化させるものである。この高強度化により、板厚を薄くして軽量化することができるのであるが、ここで注意が必要なことは、強度が高くなってもスチールのヤング率は変わらないので、強度だけで板厚を薄くすると剛性が下がることである。軽量化と高剛性は相反する面をもっているので、両方を追い求めようとすると今までにない新しい構造設計の考え方が必要になる。

軽量高剛性ボディを設計する基本は、①骨格同士の結合部を強くすること②骨格の断面性能が高まる構造の工夫をすること③骨格全体のバランスを考えて、外力によって発生する応力をできるだけ分散化することなどである（**図 1.18**）。これは、今後のボディ軽量材料として期待されているアルミや CFRP を使って設計する際にも共通する基本的な考え方として大切にしたい。

今まで自動車ボディの開発では、軽量化と車体剛性、車体サイズをトータルで評価することに、それほど重点を置いていなかった。しかし、最近になって EU を中心に、小型車から大型車までのボディをできるだけ同じ土俵で評価できるような指標を用いるようになった。その指標が、ライトウエイトインデックス（Light Weight Index＝LWI）である。LWI は、ホワイトボディの重量を、捩り剛性値と投影面積（フロントトレッド、リアトレッド、そしてホイールベースで囲まれた台形面積）で割ることにより算出される数値であり、小さい値であるほどその車体のパフォーマンスが優れているということになる（**図 1.19**）。

各車 LWI の数値を比較評価することで期待しているのは、軽量化と高剛性化の両方を追求したボディをつくりましょう、ということである。ちなみに、日本車は欧州車に比較して、数値の大きいケースが少なからず見られる。

自動車ボディに金属ではないCFRPを使って設計する場合は、次に述べる衝突安全性に対する考え方と合わせて、この軽量化と高剛性の両立に対する考え方が重要なポイントになるし、同時に、企業の開発力が問われることになる。

1. 骨格部品同士の結合部を強くすること

2. 骨格の断面性能が高まる構造の工夫をすること

3. 外力によって発生する応力をできるだけ分散化すること

図 1.18　軽量高剛性ボディを設計する基本的考え方

$$L = \frac{M}{A \times Ct}$$

L：ライトウエイトインデックス
(Light Weight Index)

ボディ剛性の重量効率を表す指数。
重量、投影面積、ねじり剛性から算出し、小さい値ほどパフォーマンスが優れていると評価される。

M：ボディ重量（kg）
ドア、バックドア、フェンダー、フードを除く

A：ホイールベース×トレッド（m^2）

Ct：ねじり剛性（kNm/deg）

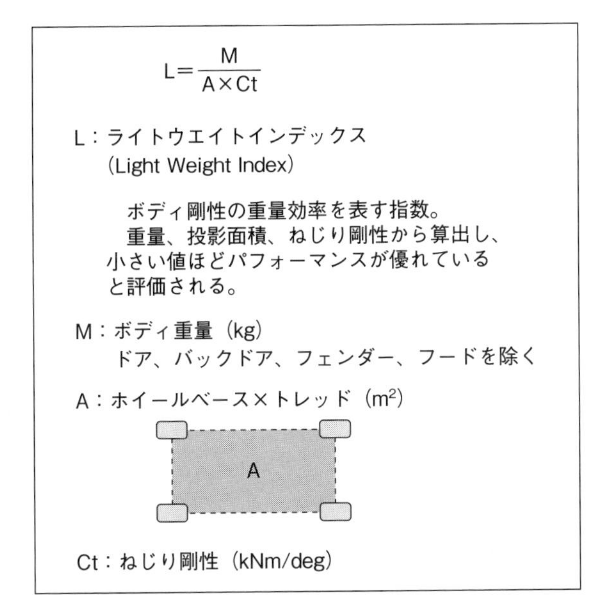

図 1.19　ライトウエイトインデックス（LWI）

1-9 衝突安全ボディとは何か

近年、自動車の衝突安全技術が目まぐるしい進歩を遂げているにもかかわらず、現在も多くの死傷事故が発生していることは非常に残念なことである。

衝突事故にともなう傷害は、対向車との衝突角度やラップ量、速度、運転状況、道路状況などによって複雑な結果をもたらすが、車両の違いによってもさらに複雑さを増す。車両の違いとは、車体サイズ、乗員を含めた総重量、エンジンやミッションなどの置き方、乗員の位置などが挙げられる。

前面衝突の場合は、フロントボディのクラッシャブルゾーン長さ、車体の衝突エネルギー吸収特性、乗員を守る居室空間の強さなども加わることになる。

側面衝突の場合は、車体側面から乗員までの距離が短いので、フロントボディのようにクラッシャブルゾーンを設けてエネルギーを吸収させるという考え方よりも、強靭にして侵入量をいかに少なくするかということになる。したがって、車体のほぼ中央にあるBピラーや乗り降りするときに跨ぐ（またぐ）サイドシルなどの骨格、そしてドアの内部に取り付けられている補強用のビームがどれだけ寄与できるかということが重要になる。

後面衝突の場合は、前面衝突と近い考え方になる。ただし、荷室床下に収納されているスペアタイヤ（ノーマル、スペースセーバーなどサイズに種類がある）が、燃料タンクを押し潰すケースもあり、法規では燃料漏れはNGとなる。また、ミニバンなどでは、車両後面から後席乗員までの距離も重要な要素になる。

衝突安全ボディは、前面衝突、側面衝突、後面衝突など後述する各国の衝突安全基準に自動車メーカー独自の考え方を入れて対応したボディということができる。特に、前面衝突は、評価試験としてはフルラップ、40％オフセット、最近米国のIIHSで実施される25％オフセットなど多くの衝突場面を想定した法規制やアセスメント評価を実施している。それに対して自動車メーカーは、乗員の安全性をより高めていくために、高エネルギー吸収の新しい構造やメカニズム、衝突で発生する加速度のコントロールなどに独自の工夫を入れた衝突安全ボディを商品化している。CFRPをボディ材料に採用する場合は、スチールとは異なる新たな考え方も必要になってくる。

図1.20に、衝突安全ボディを設計する際の主なポイントを示した。

あくまでも、国ごとに定めている衝突安全の考え方（基準や評価方法など）に対応するもので、当然ながら実際に発生する衝突事故は、異なる車種との衝突、速度（試験速度を超えるケースなど）、角度、路面や運転状況など複雑な要素が含まれる。したがって、設計の際は、図に示した項目を基本にして、さらに具体的な対策を入れていくことになる。

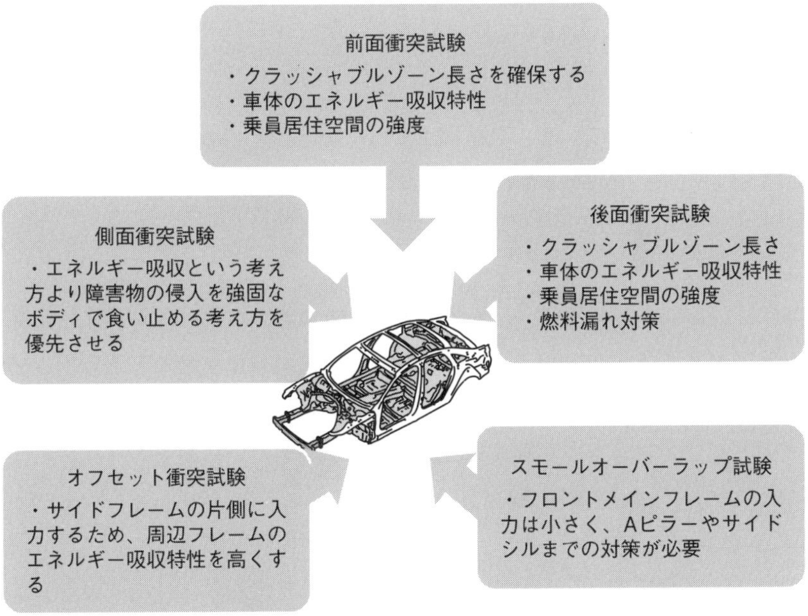

前面衝突試験
・クラッシャブルゾーン長さを確保する
・車体のエネルギー吸収特性
・乗員居住空間の強度

側面衝突試験
・エネルギー吸収という考え方より障害物の侵入を強固なボディで食い止める考え方を優先させる

後面衝突試験
・クラッシャブルゾーン長さ
・車体のエネルギー吸収特性
・乗員居住空間の強度
・燃料漏れ対策

オフセット衝突試験
・サイドフレームの片側に入力するため、周辺フレームのエネルギー吸収特性を高くする

スモールオーバーラップ試験
・フロントメインフレームの入力は小さく、Aピラーやサイドシルまでの対策が必要

（注）実際に発生する衝突事故は複雑な要素をもっているので、更に具体的な対策を入れることになる。

図1.20　衝突安全ボディの設計ポイント

1-10 衝突安全の法規とアセスメント

衝突安全に関する試験方法と規準を、日本は「道路運送車両の保安基準」、米国は「FMVSS」、EU は「ECE」で定めている。例えば、日本の保安基準では、前面衝突に関する試験方法、乗員の傷害規準などについて第 18 条の「別添 23 前面衝突時の乗員保護の技術基準」に詳細に規定している。

これらの法規に対して、自国で販売されている乗用車を対象に、実際に試験を実施した結果をインターネットなどで公表することにより、自動車メーカーがより安全な自動車を開発することを促し、ユーザーが車を選ぶ際の判断材料として活用してもらうことなどを目的とするアセスメントが、日本を始め世界の主要国で実施されている。NCAP（New Car Assessment Program）と呼ばれるもので、日本では JNCAP として、国土交通省と自動車事故対策機構が平成 7 年度より実施している。（**図 1.21**）その他、米国では、米国道路安全保険協会（Insurance Institute for Highway Safety＝IIHS）で自動車のアセスメントとして、乗用車の衝突安全試験や安全装置の性能試験などを実施し、その結果を公表している。

NCAP と IIHS の自動車アセスメントは、結果をインターネット等で公開していることもあり、自動車メーカーにとっては法規に準じた対応をせざるを得なくなっている。

それでは、どのような試験条件と評価規準を定めているのであろうか。世界のアセスメント試験を**図 1.22** で紹介する。

フルラップ前面衝突試験

運転席と助手席にダミーを乗せた試験車を、時速55kmでコンクリート製のバリアに正面衝突させる。そのときダミーの頭部胸部等に受けた衝撃や室内の変形をもとに、乗員保護性能の度合いを評価する。

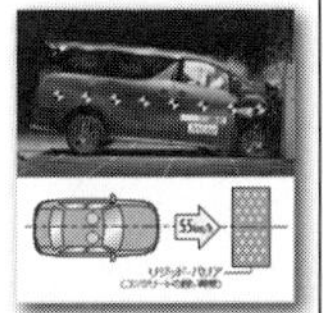

オフセット前面衝突試験

運転席と後部座席席にダミーを乗せた試験車を、時速64kmでアルミハニカムに運転席側の一部(オーバーラップ率40%)を前面衝突させる。そのとき受けた衝撃をもとに、乗員保護性能の度合いを評価する。

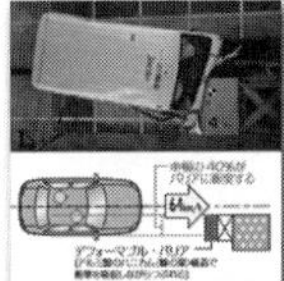

側面衝突試験

運転席にダミーを乗せた静止状態の試験車の運転席側に、質量950kgの台車を時速55kmで衝突させる。そのとき受けた衝撃をもとに、乗員保護性能の度合いを評価する。

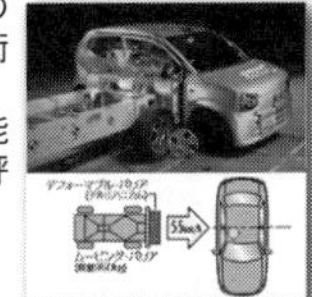

後面衝突頸部保護性能試験

後面衝突を再現できる試験器を用いて、衝突された際の衝撃（速度変化等）をダミーを乗せた運転または助手席に与える。その時の頸部が受ける衝撃をもとに、頸部保護性能を評価する。

歩行者保護性能試験

(1) 頸部保護性能試験
(2) 脚部保護性能試験

感電保護性能評価試験

ハイブリッド自動車等の衝突後の「感電保護性能要件」について評価する。

シートベルト着用警報装置

シートベルトの着用警報装置は運転席以外のシートベルトの着用を促すことでシートベルトの着用率の向上を図る。試験では、当該装置の作動要件を確認する。

出典：国土交通省、独立行政法人　自動車事故対策機構　2016.3

図 1.21　日本の自動車アセスメント試験（JNCAP）

実施機関	試験方法	評価方法
米国 運輸省道路交通安全局 （NHTSA）	◆フルラップ前面衝突試験 リジッドバリヤ　35 mPh ◆側面衝突試験 ムービングバリヤ　38.5 mPh ◆ロールオーバー試験 他	乗員傷害値による５段階評価
米国 道路安全保険協会 （IIHS）	◆オフセット前面衝突試験 オフセット量 40 %　40 mPh オフセット量 25 %　40 mPh ◆ SUV 側面衝突試験 ムービングバリヤ　50 km/h ◆ルーフ強度試験	車体変形、乗員傷害値による４段階の総合評価
欧州 EURO NCAP （欧州委員会他が財政支援）	◆オフセット前面衝突試験 デフォーマブルバリヤ　64 km/h ◆側面衝突試験 ムービングバリヤ　50 km/h ◆歩行者保護性能試験 他	左記全評価項目、評価結果を重み付け集計し、総合評価

出典：国土交通省

図 1.22　諸外国の自動車アセスメント試験

1-11 衝突安全ボディの設計

今まで見てきたように、自動車のボディは軽量化と高剛性化そして衝突安全性など様々な要求特性を組み込んだ重量部品である。安心で快適な居住空間と乗員の安全性を損なうことのないボディ構造を両立させることは、実際の設計作業ではかなりハードルの高い課題でもあるが、何よりも衝突安全性がもっとも優先させるべき要求特性となっている。したがって、自動車メーカーが送り出すボディは、その時代に生まれたボディの先端技術を表現しているともいえる。

衝突安全ボディを設計するうえで基本とする考え方を以下に示す（**図 1.23**、**図 1.24**）

1. 乗員の生存空間を守ること
2. 乗員の生存空間を守るため、空間を構成する骨格フレームおよび結合部を強固な構造にすること
3. 前面および後面衝突では、フロントボディおよびリヤボディの衝突エネルギー吸収特性を高める構造とすること
   側面衝突では、衝突側ドアと乗員までの間に十分なエネルギー吸収ゾーンを設けることができないため、特にドア開口廻りの骨格フレームを強固にして、侵入物による変形量を減らす構造とすること
4. 乗員の身体（頭部、胸部など）が受けるダメージを傷害基準以下に抑えること

3. で「衝突エネルギー吸収特性を高める構造とする」としているのは、もし、ボディ変形だけで衝突エネルギーを吸収することができなければ、乗員の生存空間まで大きく変形させてしまうことになるからである。

車のフードを開けてみると、エンジンやミッション、エアコン、補機類などとても変形しそうもない機器が高い密度で置かれている。衝突時、ボディのフレームは 100 %潰れきるわけではなく、理想的に潰れたとしても約 30 %は残ってしまう。そこで、変形前の全長から変形後に残るであろう長さを差し引いた量がクラッシャブルゾーンと考える。しかし、実際の衝突では、車両重量やエンジン、ミッション、補機類などの配置や固定方法などによっても変形する長さやモードが変わるので、あくまでも目安として考えるべきであろう。

また、吸収するエネルギーを増やそうとして、クラッシャブルゾーンをあま

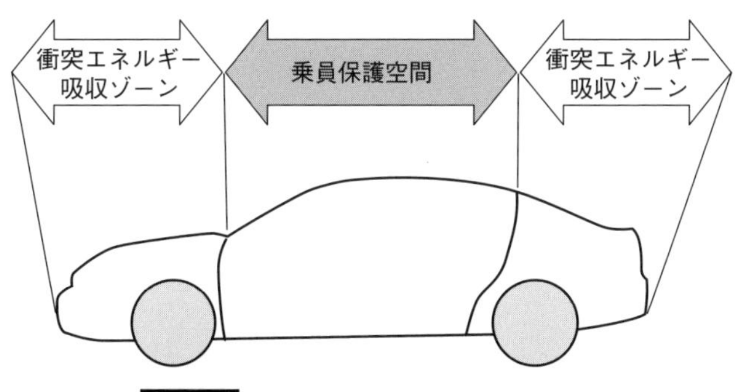

図 1.23　衝突安全ボディの基本的概念

1. 乗員の生存空間を守ること

2. 乗員の生存空間を守るため、空間を構成する骨格フレームおよび結合部を強固な構造にすること

3. 前面および後面衝突では、ボディのエネルギー吸収特性を高める構造とすること

4. 乗員の身体（頭部、胸部など）が受けるダメージを傷害基準以下に抑えること

図 1.24　衝突安全ボディ設計の考え方

り長くすると乗員スペースを短くしてしまうことにもなるので、開発初期のデザインと調整しながら決めていくことになる。

図 1.25 は、北米仕様の乗用車（車両重量：約 1,520 kg）が時速 56 km/h の速度で固定壁にフルラップ前面衝突したときに車体が受ける加速度と時間の関係をコンピューターで計算した結果を示した。車両前後方向に配置されている左右サイドフレームの変形が最大に及んだとき（図中Ⓐ点）、車体には 200 m/s^2（約 20 G）の加速度が発生している。これは生存空間であるキャビン側の受け部におよそ 30 t の反力を生じさせる強固な構造が必要であることを意味している。CFRP のフレームを開発している事例で、フレーム単体に静的または動的な圧縮荷重を負荷したときの F–S 線図から吸収エネルギー量を評価する報告がみられるが、実際の車両でそれだけの反力が出るかどうかについては、キャビン側の構造も含めて検討する必要がある。

前面 40 %オフセット衝突試験（**図 1.26**）では、サイドフレーム片側 1 本のみに入力されるので、フルラップと比較するとキャビンへの侵入量が増大し、乗員への直接的ダメージを大きくすることになる。さらに、米国 IIHS で実施される前面 25 %オフセット衝突試験（スモールオーバーラップ衝突試験）になるとフレームからも外れて、いきなり片側のタイヤからキャビンに入力されるようになる。この場合は、特に、A ピラーとサイドシルにかけてフロントドア開口部のフレームを強固な構造に設計する必要がある。但し、侵入量を減らそうとしてフロントボディを硬くし過ぎると、乗員に掛かる加速度が増加して、前方に移動する激しさが増すことになる。反対に、柔らかくし過ぎると、加速度は抑えられるが、エンジンなどの重量物がキャビンへ侵入する量が増えて、乗員の身体に大きなダメージを与えてしまうことになる。その兼ね合いが難しいが、衝突シミュレーション計算などから、車体に発生する加速度と変形モード、乗員へのダメージなどを推定しながら設計仕様を決めていくことになる。

以上みてきたように、乗員の生存空間を守るキャビンボディが、フロントボディあるいはリヤボディに対して相対的に強固になるようにすることが衝突安

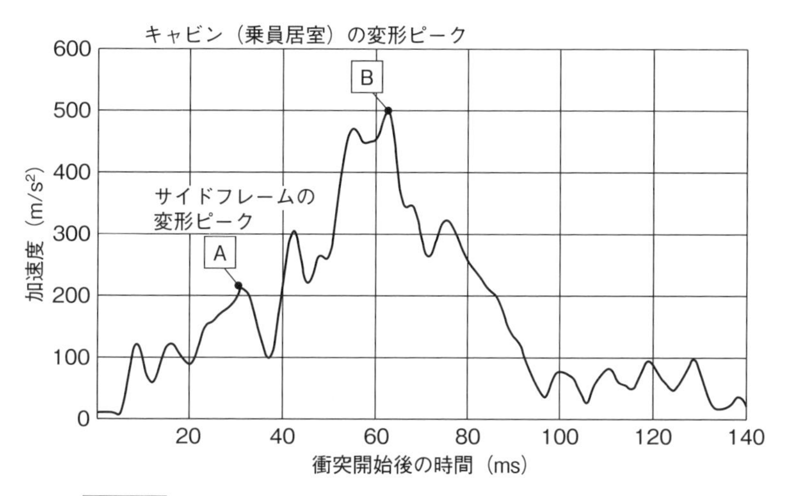

図1.25　前面フルラップ（100 %）衝突における車体加速度（北米生産車　車両重量 1,520 kg のシミュレーション計算）

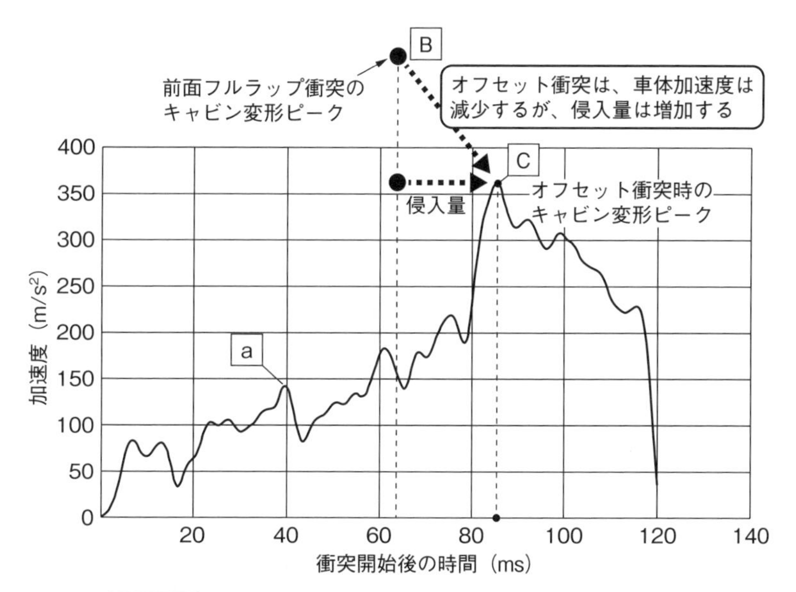

図1.26　前面 40 %オフセット衝突における車体加速度（北米生産車　車両重量 1,520 kg のシミュレーション計算）

全ボディを設計する基本となる。

側面衝突試験は、試験路面（室内のコンクリート床など）に静止している車両に、試験用の台車（ムービングデフォーマブルバリヤ）を側面から衝突させる。このとき、頭部、胸部、腹部、腰部などの身体部位に加速度計を埋め込んだダミー人形（人間を模した計測用モデル）が受ける傷害レベルを計測し、法規や基準の適合性を評価する。側面衝突の場合は、前述したように、侵入するドアと乗員までの距離が短いために、前面衝突のようなクラッシャブルゾーンでエネルギーを吸収するという考え方は基本的に成り立たない。したがって、Bピラーやサイドシルなどドア周りのフレームを強固にして侵入量を減らすということになる。その中で、大きな役割を果たす骨格フレームがBピラーであるが、一般的な断面を**図1.27**に示す。ボックス断面を構成している部品は厚板のスチフナーとインナーおよび薄板のアウターパネルで、板厚、材料仕様、断面性能で強度と剛性がほぼ決まる。スチフナーおよびインナーは、1,500 MPa以上の引張強度をもつホットプレス加工品を用いる車種が多くなってきている（**図1.28**）。また、ドア内部には補強用のビームが1本ないし2本取り付けられており、端部をAピラーおよびBピラーに間接的に取り付けることにより、室内侵入量を更に減らす構造をとっている。ビームは、焼入れした鋼管やホットプレス成形品あるいはアルミ押出し品などが多く用いられている。

試験では、台車前部に実車を強度的に模したアルミハニカムを取り付けて、衝突させる。ハニカムの下端は床面から300 mmの高さに規定されており、受け側のサイドシルとのラップ代があまり多く取れないことが多い。つまり、大型の断面を持つサイドシルは、側面衝突の試験ではその断面性能を十分に発揮されないことになる。（ポール衝突試験では大いに寄与する）。サイドシルの断面設定は、下端は地上高やランプアングル、ジャッキアップ挿入性（操作性）などから決まり、上端は乗降性から制約を受けるためあまり高く設定することができないので、通常は350 mm前後の高さになる。これがムービングバリヤ下端とのラップ代を多く取れない理由になっている。

いずれにしても、規定の試験速度において、ドアとボディの変形だけでは収まらずダミーにも衝突することになる。そのときのダミー加速度を少なくするには、ドア周りのボディ骨格で対応していくことが重要な設計要素になる。

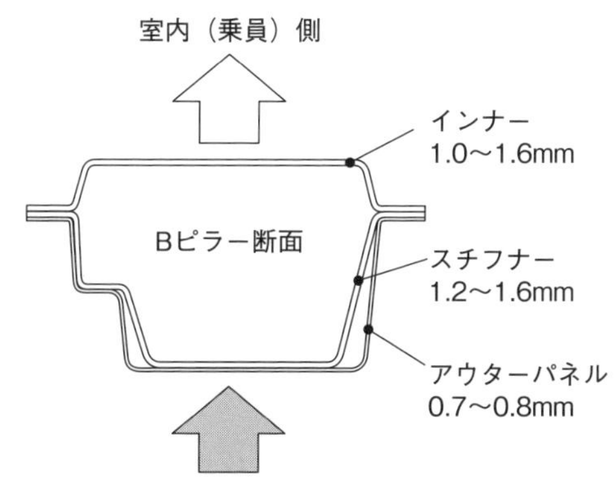

図 1.27　一般的なスチールボディのＢピラー断面

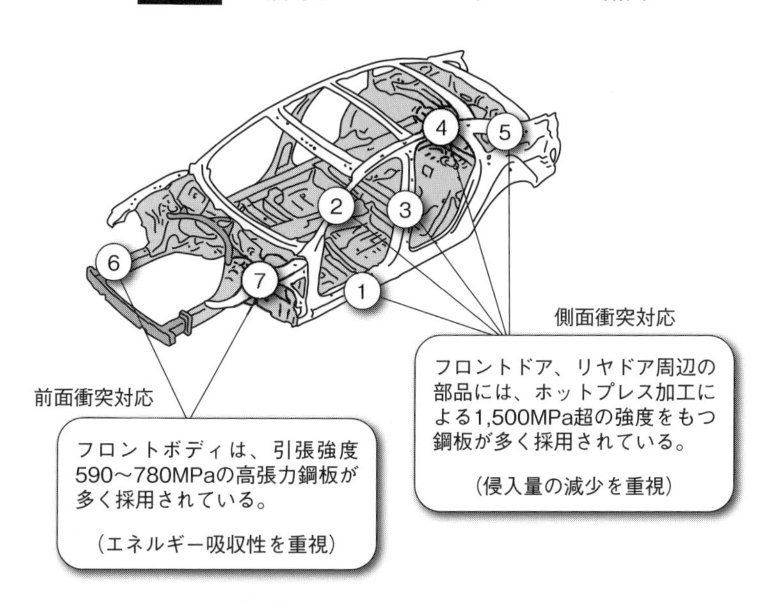

図 1.28　最近の衝突安全ボディ

1-12 自動車ボディの材料と成形法

エンジン、ミッション、サスペンション、タイヤ、ボディ、内外装、窓ガラスなど様々な種類の部品で構成されている自動車の材料は、スチール、アルミ、樹脂、銅、ガラス、ゴム、布、皮革などがある。

現在、ボディの材料は、ほとんどがスチール（薄板鋼板）であり、次いでアルミ、樹脂、CFRPとなっている（**図1.29**）。

1. スチール

最も多く使われているスチールは、

1）普通鋼板

2）冷間成形用ハイテン鋼板（引張強度　440 MPa～1,350 MPa）

3）熱間成形（ホットプレス）による高張力鋼板（1,500 MPa以上）

の3種類を基本に、板厚、成形性グレード、表面処理有無などのスペックを加えて選定する。

スチールの成形加工は、プレス成形を主体に、数例ではあるがロールフォーミング、ハイドロフォーミングの採用例もある。

2. アルミ

軽量材料として期待されているアルミの採用も進んでいる。

アルミの採用部位には以下の2つのパターンが見られる。

1）組付け部品であるフード、フェンダー、ドア、トランク、バックドアの5つを対象にしたもの（単一または複数を採用）

2）上記5部品に骨格本体を加え、オールアルミ化したもの

組付け部品をアルミ化している理由としては、以下が挙げられる。

1）いずれも骨格本体にボルトとナットで組付けられる独立した部品で、骨

格本体と異なる材料であっても設計上大きな課題が残らない。

2）ボディ全体の剛性にはほとんど寄与していない部品である。

3）サスペンションからの入力荷重のような繰り返し大きな荷重が掛からない。

4）事故等で、部品にデフォームなどの損傷が生じたとしても、最後は部品を交換することで、比較的対処がしやすい。

5）パネル表面の面積が比較的広く、材料置換による軽量効果が期待できる。

など、軽量材料を採用しやすい条件が揃っている。ただし、本体との取付け箇所、ロックする箇所の耐久強度や、面剛性など商品性を損なうことのないように設計しなければならない。

以上は、CFRPを採用する場合でも同様に考えていけばよい。

アルミ材料をホワイトボディに60％以上採用した事例を紹介する（**表1.1**）。

2015年から2016年にかけて発売されたジャガーXEとフォードF150のアルミボディである。

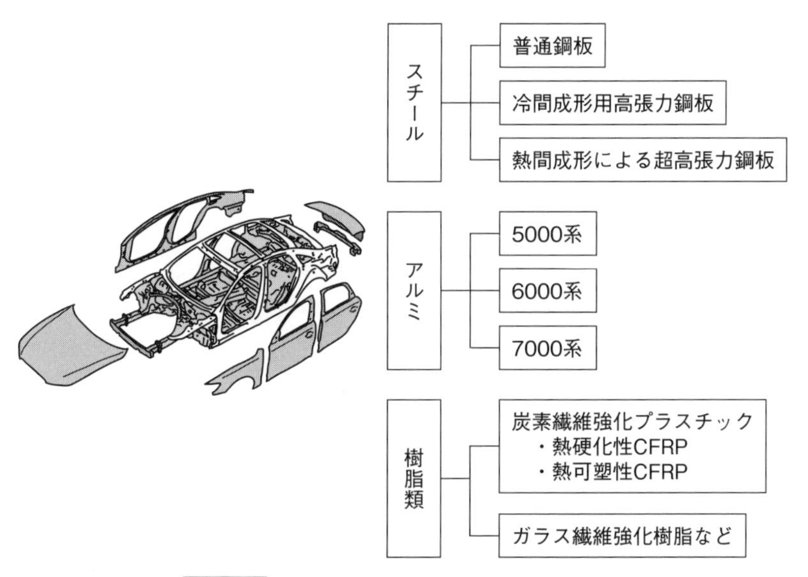

図1.29　自動車ホワイトボディの主な材料

ジャガーXEボディのアルミ採用率は、75％で、ドア、トランクリッド、リヤアンダーボディにスチールを採用している。

キャデラックは、アルミの採用率が64％で、スチールを併用している。これにより、全てがスチールで造られている従来のボディに対して約90 kg軽量化がなされている。

スペースフレーム構造のアウディA8はアルミを93％採用している。

骨格フレーム部品の成形法は、プレス加工、押出し加工、そしてダイキャスト加工を採用している。プレス加工は、成形性が比較的良好で、強度も高い6000系を重量割合で全体の48％採用している。次いでダイキャスト加工品が27％、押出し加工品が19％になっている。ダイキャスト加工品は、特に強度の必要な箇所あるいは骨格フレームの接合部を強固に結合することにより、ボディ全体の剛性と強度を高める役割を果たしている。押出し品は、一定断面にて設計しやすいAピラー、ルーフサイドレール、サイドシル、フロントサイドフレームの前部に採用している。Bピラーにはスチールを用いているが、これは、衝突性能、重量、コストなど全体を判断して、スチールを選択したと思われる。

オールアルミボディでは、その他にホンダの初代NS-X、初代インサイト、ベンツ、テスラ（モデルS）などが代表的な車として挙げられる。

全体を通して、使用されているアルミ材料の種類は比較的加工性の良い5000系および6000系が中心になっている。また、高い衝撃強度を求めるバンパービームやドアビームなどには、加工性にやや難はあるものの7000系も採用されるようになった（**図1.30**）。成形加工は、骨格部品ではプレス加工と押出し加工が主体で、部材同士を結合する部品にはダイキャスト加工の成形品を採用する例も多く見ることができる。フード、フェンダー、ドアなどのデザイン外板やフロアなどのパネル類は、いずれもプレス加工である。

3. CFRP

レクサスLFAとBMWi3のCFRPボディについて説明する。

表 1.1　最近のアルミボディ採用車名とその特徴

車　名	ボディ構造形式	特　徴
ジャガーXE	モノコック構造	・75 %がアルミ合金 ・スチール使用部品 ドア、トランク、リヤアンダーボディ
キャデラック　CT6	モノコック構造	・64 %がアルミ合金 ・軽量化　−90 kg
アウディA8	スペースフレーム構造	・93 %がアルミ合金 ・スチール使用部位 Bピラー
フォード　F150	モノコック構造	・軽量化　−310 kg

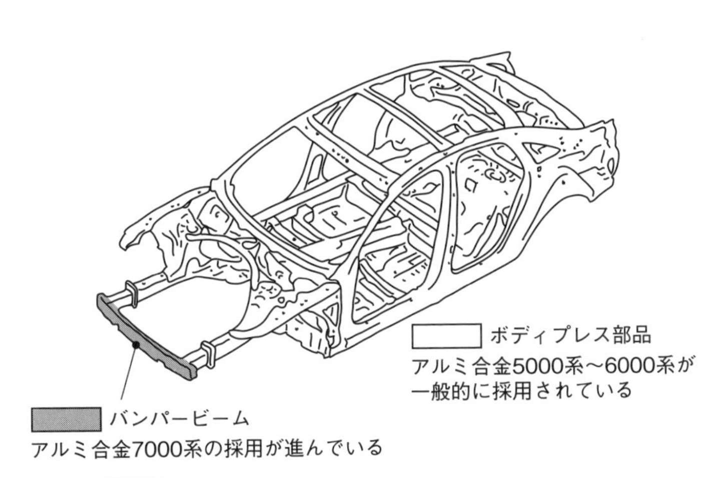

図 1.30　モノコックボディの一般的なアルミ使用材料例

両車とも熱硬化性CFRPを主体にして、プラットフォームの一部（レクサスLFA）または全部（BMWi3）にアルミを併用している。

両車のCFRP使用率は、レクサスLFAが41％を占め、BMWi3はライフモジュールと呼ばれている居室（キャビン）部分に対する比率は49％となっている。しかし、i3の場合はボディの一部がシャシーフレームと共有していることから、40％前半と思われる。

CFRPボディと呼ばれているもののCFRPの使用率が50％未満であり、アルミがまだ相当量使われている理由は以下のことが考えられる。

アルミを併用している理由

1. サスペンション取付け部など、繰り返し大きな荷重が掛かる部位の強度、剛性などについて、CFRP構造だけでは未だ十分な技術的見通しを得るまでに至っていないこと。
2. 衝突を想定したとき、発生する車両減速度と車体吸収エネルギーをコントロールすることについて、CFRP構造だけでは未だ十分な技術的見通しを得るまでに至っていないこと。
3. レクサスはフロントボディ、BMWi3はモーター、バッテリーなどの電源駆動系およびサスペンションなどの足回り系を、すでに技術的ノウハウを蓄積しているシャシーフレームにまとめた方が、コストと重量のバランスを含めた全体のパフォーマンスを高めることができると判断したこと。

次に、両車の成形法について概略を述べる。

レクサスLFAは、熱硬化性CFRPのキャビンにアルミフレーム構造のフロントボディを組付けるホワイトボディ構造になっている（**表1.2**）。アルミフレーム構造で衝突時のエネルギー吸収をできるだけ多く取り、且つサスペンションからの入力荷重を高いパフォーマンスで受け止めることができるようにしている。CFRP製キャビンの成形加工は、主にオートクレーブ加工および高速RTM加工を採用し、フード、ルーフ、フロアはRTM、それ以外のボディ部品をオートクレーブで加工している。フロアは10分割されたプリフォーム品を高速のRTMで一体成形している。ちなみにドア、フロントフェンダー、リヤフェンダーはガラス入りのSMCで造られている。

BMWi3のライフモジュール（キャビン）のCFRPボディは、高速RTM成形にて製作されている（**表1.3**）。前述したように、使用率はCFRPが49.4 %、アルミ19.2 %、熱可塑性樹脂9.6 %、鉄7.3 %などとなっている。

表1.2　トヨタレクサスLFAの構造と成形法の特徴

主な特徴
●　CFRP主体の樹脂をメインボディに採用し、比較的高い強度を必要とする部位にはアルミニウムを使ったハイブリッド構造である。
●　車体骨格と内板は、プリプレグ、RTM、C-SMC、デザイン外板はフードとルーフがRTM、フェンダー、ドアーなど垂直方向に組み付けられている部品は、G-SMC（ガラス入り）を採用している。
●　フロアー10パーツに分割。プリフォーム後、高速RTMで一体成形を行っている。
●　部位ごとに求められる必要な強度、剛性等を考慮し、全体の生産性とそれに合う素材と成形方法を選択している。

表1.3　BMWi3の構造と成形法の特徴

主な特徴
●　電気自動車として開発された「i3」はエンジンが無いことを生かして、従来車と全く発想が異なる車体構造になっている。
●　ライフモジュールと呼んでいる車体はCFRP製（PAN）で、高速RTM成形にて製作されている。
●　サスペンションなどを支持するアルミニウム製「ドライブモジュール」の上に、CFRP製ボディーを取り付ける構造になっている。 　ドライブモジュールとボディの接合はボルト（4本）と接着剤を使用している。
●　車両重量は、従来同等車に比べ250から350 kgほど軽くなっているという。

1-13 自動車ボディ材料と軽量化設計

1-13-1 材料と目標重量

表1.4に、スチール、アルミ、CFRPをそれぞれ主な材料とする量産車ボディの重量例を示した。車両サイズなどが違うため、単純に比較はできないものの、アルミボディ（アルミが93％）はスチールボディに対しておよそ70 kg、そしてCFRPボディ（CFRP＆樹脂が55％）はスチールボディに対しておよそ140 kg軽くなっている。CFRPボディは、前述したように、プラットフォームにはアルミ材を併用しているので、アルミからCFRPに置換できる技術がさらに進めば、スチールに対して150 kg～200 kgほど軽い200 kg以下の超軽量ボディが誕生する可能性も出てくる。このように、目標とする軽減重量によってどの材料をメインに使用していくかを決めることになる。

1-13-2 ボディのどの領域を材料置換するのか

ボディは、骨格本体と、その本体にボルト／ナットで組付けるドア、フード、フェンダー、トランクもしくはテールゲートなど大物の組み付け部品で構成されていることは前述した通りである。本体は骨格フレームとフロア、ルーフなどのパネルをスポット溶接などで接合することから、接合後に分離することは容易ではない。したがって、ボディ本体にスチールとアルミもしくはCFRPなど異種材料を混在させることは、リサイクル性などを考えると、基本は単一の材料で設計するべきであろう。ただし、BMW7シリーズのように、アルミ、スチールとCFRPを混在させ、金属製フレームを補強する構造が今後広がりを見せていく可能性もある。

一方、組付け部品であるドアやフードなどは、組み付け部品の特徴を生かして、本体と異なる材料（アルミやCFRPなど）を用いて軽量化する事例は多くみられる。さらに、ドア、フード、トランク、テールゲートは、表と裏すなわち外板のスキンと補強用のフレームの２枚のパネルを接合して構成されているので、異種材接触による電蝕を防止する対策を施すことにより、例えば外板だけに軽量材料を使用することもある。

表1.4　ボディ材料別（スチール、アルミ、CFRP）重量比較

車名	シトロエン C4		アウディA8		レクサス LFA	
主な材料	スチール		アルミ合金		CFRP ＋アルミ合金	
重量	376 kg		300 kg		229 kg	
材料比率	材質	使用率	材質	使用率	材質	使用率
	鉄	96.3 %	鉄	6.9 %	その他	4.6 %
	樹脂	0.0 %	樹脂	0.0 %	CFRP 他	55.0 %
	アルミ	3.7 %	アルミ	93.1 %	アルミ	40.4 %
車両サイズ	4,330×1,790×1,490 (全長　全幅　全高)		5,137×1,949×1,460		4,505×1,895×1,220	

(Euro Car Body 2010 12th International Car Body Benchmark Conference より数値を引用し、著者が作成)

1-14　軽量化へのアプローチ

自動車の燃費向上とCO_2ガスの排出量を低減するアプローチには**表 1.5** に示すようなものが挙げられるが、軽量化については、エンジン駆動系、足回り系、車体系のいずれにも共通している課題である。このうち車体系の軽量化については、設計の際に次のような工夫が必要になる（**図 1.31**）。

1．材料置換の工夫による軽量化

2．成形加工の工夫による軽量化

3．構造設計の工夫による軽量化

以下、それぞれについて説明を加える。

1-14-1　材料置換の工夫による軽量化

（1）材料の薄板、薄肉化

材料の強度を上げて薄くする方法として、スチールではハイテン化、アルミニウムでは6000系から7000系など素材そのものの強度を上げる方法と、材料を熱処理して材料強度を上げる方法などがある。また、骨格の断面性能を上げることにより剛性を高めて薄肉化する方法もあるが、同時に、想定する荷重やモーメントを受けたときに発生する応力を計算で求めておく必要がある。

（2）材料の強度化

より強度の高い材料を使用して薄肉化をはかるケースがある。その際、ハイテン化などでは設備能力との関係、例えば、材料強度が増せば加工する機械設備の能力が不足しないか、新たな投資が発生しないかなどの見極めが重要である。

また、鋼板を焼入れ温度まで加熱し、成形と同時に急冷させて強度を高める方法もあり、最近では、熱間プレス（ホットスタンピング）の採用が自動車で

表 1.5　自動車の CO_2 排出量と燃費向上を低減するアプローチ

駆動系	足回り系	車体系
・燃焼効率向上 ・伝達効率向上 ・ダウンサイジング ・軽量化	・ころがり抵抗低減 ・軽量化	・空気抵抗低減 ・高効率車体構造 ・ダウンサイジング ・軽量化

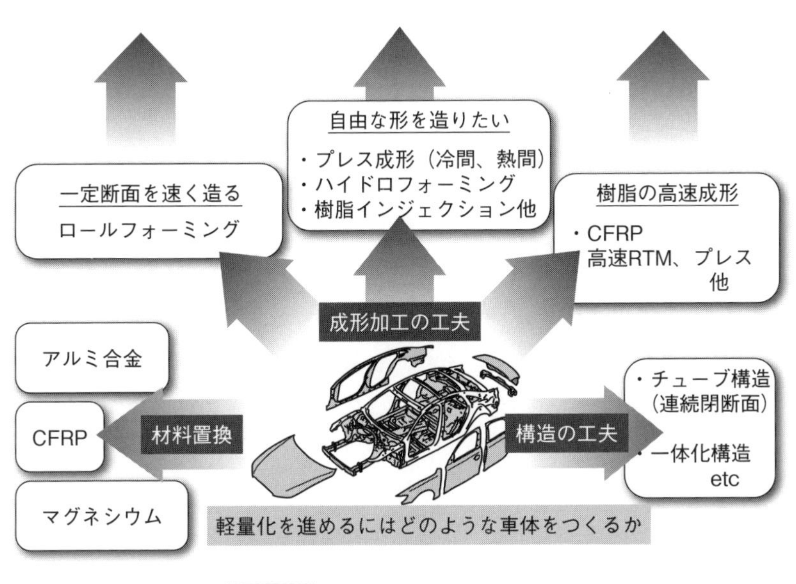

図 1.31　車体軽量化のアプローチ

拡大している。従って、単に強度材料を使用するだけではなく、加工法により強度を高める方法も検討に加えるとより選択肢が広がってくる。

なお、アルミニウムも成形加工時に加熱→冷却すると強度が上がる性質があるので、同様の加工法の応用開発が期待されている。

(3) 軽量材料への置換

部品の一部または全部を樹脂化するだけではなく、構造全体を樹脂化することを検討するケースもある（**図1.32**）。

乗用車のボディ本体にCFRPを採用した最近の例では、前出のようにトヨタのレクサスLFAとBMWi3があり、レクサスLFAは一般的なスチール製ボディに対し140 kg〜170 kg前後の大幅な軽量化を実現している。上記の例はいずれも熱硬化性CFRPを使用している。材料の機械的性質では、金属に対して軸方向の引張り強度は高いものの、曲げ弾性率は小さくなるので、単純に置換するだけでは剛性が落ちることになる（**表1.6**）。そこで、ボディ本体の骨格部品に採用する場合、一定の剛性を確保するためには、曲げ弾性率の高い材料を使用するか、断面のサイズを大きくするか、肉厚を厚くするか、などのリカバリー手法をとることになる。ドア、フード、フェンダー、トランク、バックドアなどの大物組み付け部品は、骨格本体のような厳しい荷重を受けることはないので、基本的には商品性に直接影響する面剛性を重視してデザインの工夫と板厚を選定すれば良い。ただし、各部品とも骨格本体と組み付ける箇所（特にヒンジやロックの取付け部）にはスチール同等の強度を確保する必要がある。

接合に関しては、スチール同志を接着する構造用接着剤の知見はかなり蓄積されつつあるが、樹脂同志あるいは異種材との接着は接合面の条件や強度を含めて慎重に検討していくことが重要である（**表1.6**）。エポキシ系の熱硬化性樹脂を使ったCFRP同士の接合では、接着剤にエポキシ系のものを使用することにより、高い接着力を得ることができる。また、接着強度を高めるには、フランンジ幅を拡げて接着面積を大きくすることにより、鋼板同士のスポット

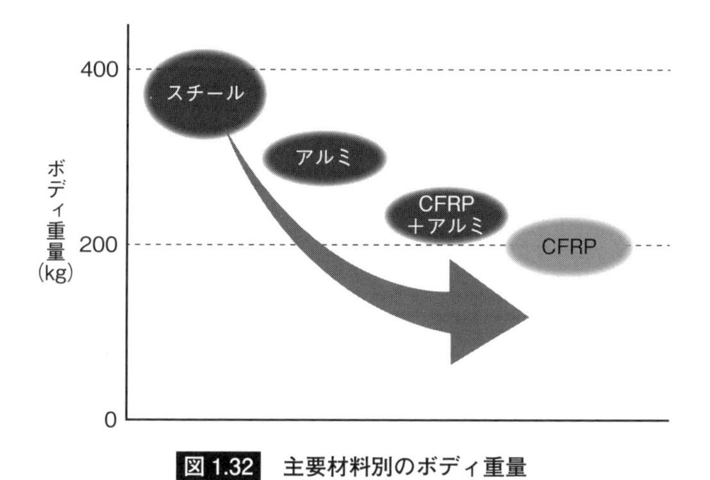

図 1.32　主要材料別のボディ重量

表 1.6　CFRP への置換検討に必要な留意点

	CFRP への置換検討に必要な主な留意点
1	ボディの全てを CFRP に置換する技術は、まだ未開発の領域が多い。 （現状ではアルミフレームの併用などが必要）
2	ボディ骨格を CFRP に置換する場合、特に曲げ弾性率と圧縮強度がスチールよりも低下するので、断面性能を増やすなどの工夫が必要である。
3	フード、ドア、フェンダー、トランクなどの組付け部品を CFRP に置換する場合、ヒンジやロックなどは、スチール並みの強度が必要である。
4	部品同士の接合方法 接合強度、作業性、生産コストなどについて、事前の検証が必要である。

溶接と同等の接着強度を得ることができる。しかし、PPなど熱可塑性CFRPを使用する場合は、熱硬化性CFRPに比べて接着強度は低下する傾向にある。その他、機械的に接合する方法もあるが、生産性やコストを考えると、接着または溶着接合の今後の開発に期待したい。

1-14-2　成形加工法の工夫による軽量化

使用する材料は同じでも、成形加工の選択によって軽量化できることがある。特にスチールは長い実績の中で多くの加工法を活用してきたので、以下紹介する（**表1.7**）。また、アルミや樹脂、CFRPにおいても軽量化をめざした独自の新しい成形加工法が開発されていくものと期待されている。

プレス加工は、塑性加工の代表的な加工法の一つで、自動車関連部品の製造を始め幅広い産業に応用されている。素材は薄板材が多く用いられるが、冷間鍛造や熱間鍛造では厚板材から複雑な形に成形加工する。材料はスチールを始めアルミニウム、ステンレス、マグネシウムといった軽量材料も多く使用されている。最近ではCFRP、特に熱可塑性CFRPのプレス成形加工技術の開発がNEDOや大学を含めた研究機関、企業で盛んに進められている。また、同じプレス加工でも、目的や材料が異なれば当然加工条件も異なり、設備も流用できないケースもあることから、事前によく検討する必要がある。

(1) 冷間プレス加工

冷間プレス加工の概要を**図1.33**、**図1.34**に示す。

加工する際の材料温度によって、冷間、温間、熱間と呼んでいる。

自動車ボディ部品では冷間のプレス加工が最も多く用いられ、プレス機の能力として数十トンから数千トンの加圧力をもつものまである。プレス機のタイプは単発、順送、トランスファーなどがあり、部品の大きさ、形状、加工時間、加工コスト、投資額、工場レイアウトなどから選択をする。

単発プレスは、数台並べて中間を人やロボットなどで搬送しながら、設定された工程数だけ加工する。順送（プログレッシブ）とトランスファーは、1台

表 1.7　自動車ボディで用いられる主な加工法

	分類		加工事例
金属	成形加工	鋳造	・鋳造 ・ダイキャスト ・半溶融
		塑性加工	・プレス加工 ・鍛造 ・アルミ押出し ・ロールフォーミング ・ハイドロフォーミング ・熱間／温間ガスブロー
	接合	溶着	・抵抗溶接 ・レーザー溶接 ・高周波溶接 ・摩擦撹拌
		締結	・ファスナー、リベット
		接着	
	切削		
	切断、曲げ		

	分類		加工事例
樹脂	成形加工		・インジェクション ・オートクレーブ ・RTM ・プレス成形
	接合	溶着	・高周波 ・振動 ・超音波 ・レーザー
		締結	・ファスナー、リベット
		接着	
	切断		・ウォータージェット ・レーザー

冷間成形

自動車ボディで最も多く使用される成形法。
高ハイテンだと、大型のプレス機が必要になることもある。

温間成形

自動車ボディのスチールでは、殆ど使用されていない。

熱間成形

自動車ボディでは、鋼板を900℃以上まで加熱、冷却することにより、引張強度1,500MPaを超える強度材に変える加工法（ホットプレス）として、主にドアまわりの骨格部品に使用されている。

（加熱は材料のみで、金型は通常、冷却する）

図 1.33　加工温度による成形種類

のプレス機で数工程（数型）を連続して成形加工するものである。順送は、コイル材がつながった状態で加工し、最終の工程で製品を取り出すもので、比較的小物や深さの浅い形状のものに用いられている。トランスファーは、あらかじめ製品の展開形状に近いカットされたシートをプレス機に投入し、比較的大物で深い形状のものに用いられている。

また、加工する製品の仕様とプレス機の能力によっては一つの金型に数枚を成形することも可能である。

材料は、近年の衝突安全や軽量化の対策にハイテン（高張力鋼板）化が進み、冷間（常温）成形では、440～780 MPa に止まらず、最近では成形加工技術の進化に伴って、980～1,180 MPa クラスの非常に高い引張強度をもつ材料の採用も広がりつつある。しかし、これ以上の強度材を冷間成形で要求しようとすると成形性の良い材料開発だけではなく、プレス機の大型化、製品形状の改善、成形加工技術、金型の耐久性、遅れ破壊、グローバル調達性など解決すべき課題も多くなる。

(2) 熱間プレス加工（ホットスタンピング）

冷間プレス加工では 1,500 MPa を超える材料の成形は難しいが、低強度のハイテン材を加熱した後、成形と同時に焼入れをおこなうことにより、大幅に強度を上昇させる加工法の採用が軽量化ニーズの高まりとともに拡大している。当初は欧州車のボディ軽量化技術として開発が進められてきたが、最近では日本でも採用が広がってきている。

ホットスタンピング（Hot Stamping）といわれるもので、カットした鋼板を 900 ℃以上の温度まで加熱した後、プレス機の金型へ搬送、セットし、成形と同時に急冷（金型冷却または水冷など）させる。この焼入れ処理により、元の材料強度（590 MPa が多い）の 2 倍以上に相当する 1,500 MPa まで引張強度を高めることができる（**図 1.35**）。

ホットスタンピングの最大の利点は、冷間加工では得られない高強度の材料に変化させることで、特に強度の必要な部位、例えば側面衝突の際、車や障害

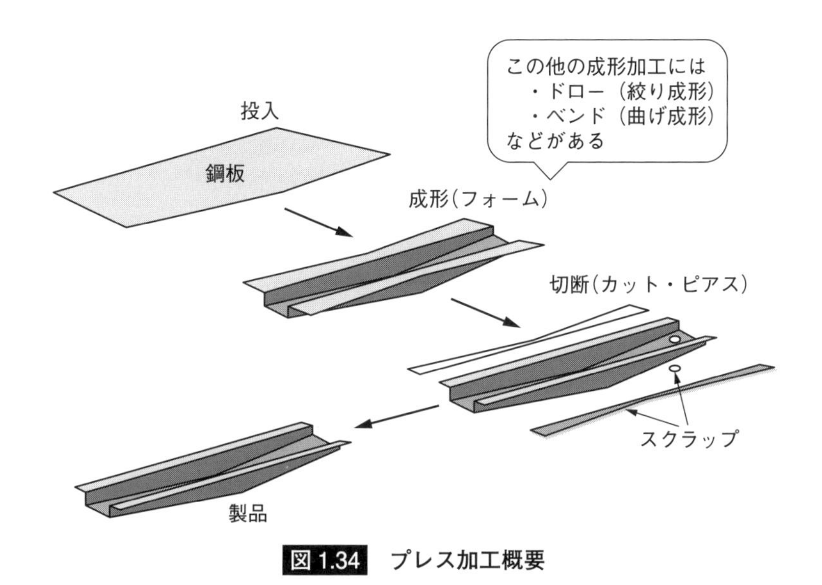

図 1.34　プレス加工概要

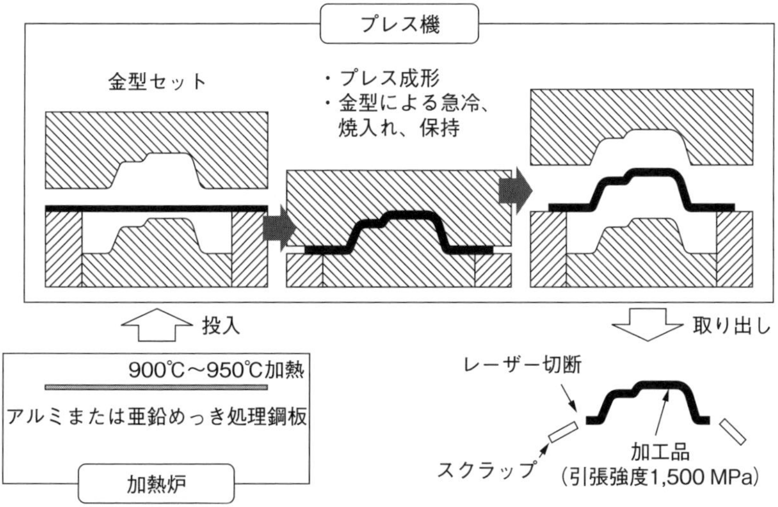

プレス機
金型セット
・プレス成形
・金型による急冷、
焼入れ、保持
投入
取り出し
900℃～950℃加熱
アルミまたは亜鉛めっき処理鋼板
加熱炉
レーザー切断
スクラップ
加工品
(引張強度1,500 MPa)

図 1.35　ホットスタンピング概略図

物が室内へ侵入する量を減少させたいドア周りの骨格部品などに適用することにより、板厚を増やすことなく軽量化することができることである。

自動車のボディに使用する鋼板の板厚は0.7～2.0 mmの範囲にあるものが多く、高ハイテン材の冷間プレス加工やホットスタンピング加工を活用して鋼板の板を薄くする軽量化方案が今後も拡大して行くであろう。

(3) ロールフォーミング

加工材は、スチールまたはアルミニウムの板が多い。コイル状に巻き取られた板材を加工機に連続して流す。製品に穴あけが必要な場合は成形する前の自動穴あけ機で加工した後、上下ロールの間を通すことにより順次成形加工する。このフォーミングは、コイルほどき→穴あけ→順次成形→切断、若しくは順次成形後に連続して曲げ→切断までを一気に加工する自動ラインもある（**図1.36**）。

このフォーミングの特徴は、①スチールでは、冷間のプレス加工よりも強度の高い材料を加工することが可能で、1,350 MPaの高張力鋼板まで成形した量産実績（バンパービームなど）もある②製品の断面形状が○や□のようなケースで、板の端末同士を接合して、より剛性の高い断面を造りたい場合には、成形の最終工程で板の端末を突き合わせ、高周波溶接を施すことにより、連続接合した閉断面を造ることができる③加工速度（送り速度）が非常に速い④基本的に製品断面を変化させた加工はできないので、選択する部品は限定されることなどである。しかし、製品を同一断面で設計することができれば、冷間プレス加工よりも高強度材を成形することができるので、板厚を薄くして軽量化することが可能となる。また、日本ではあまり見られないが、欧米では後工程で若干のプレス加工を追加してボディフレームに適用するなど、応用範囲を広げた開発と生産がおこなわれている。

(4) ハイドロフォーミング

使用する材料は、スチール、アルミ、ステンレスなどのパイプ材が多い。成

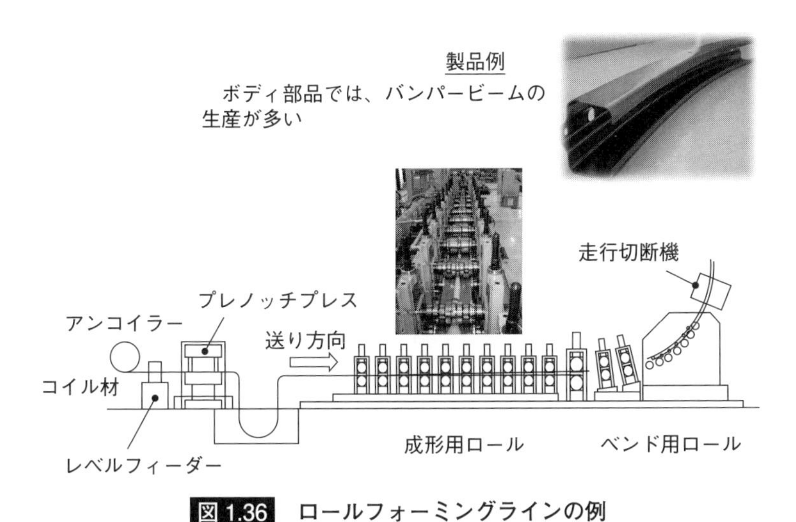

図 1.36　ロールフォーミングラインの例

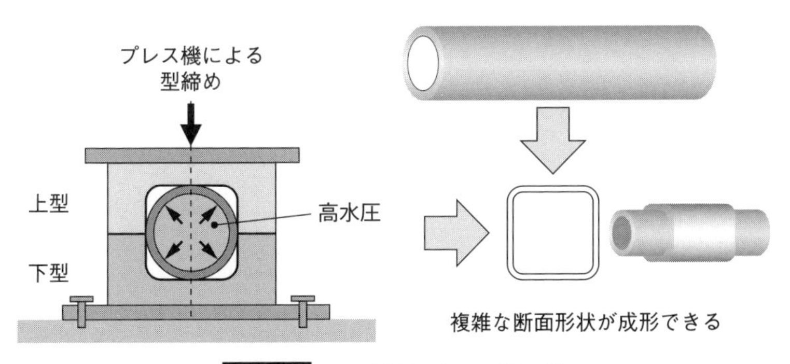

図 1.37　ハイドロフォーミング

形は、上下金型の間にセットされたパイプを両端から高圧の水を注入し、ブローさせて行う（**図 1.37**）。水圧は製品サイズや材質などにもよるが、ボディのピラー部品などに 980 MPa ハイテン鋼管を成形した例では、300 MPa 前後の圧力を要する。成形するパイプの投影面積と内圧を掛け合わせたものが金型を押し広げる力に相当するので、加圧するプレス機は 3000 t〜5000 t クラスが必要になる。また、パイプの両端においても内部の水圧より高い軸方向の押し力が必要で、上記の内圧の場合には数百トンの軸押し力をもつ油圧シリンダーで押し付ける。同時に、パイプの円周方向を塑性域まで拡げるいわゆる拡管成形をおこなう場合は、パイプ端部から軸力を使って材料を送り込むことになる。拡管によって延ばされる肉厚減少とパイプ端部から材料を送り込むタイミングや軸押し力が合わないと‘破裂’や‘座屈’が発生することになる。

2008 年に発売したホンダ・オデッセイの A ピラーでは 980 MPa という高ハイテンパイプを使用した例があり、プレス工法よりも板厚を薄く且つ断面を細くして軽量化と広い視界を両立させている（**図 1.38**）。

ハイドロフォーミングの特徴をまとめると、①丸パイプから複雑な形状を連続的に変化する断面をつくること②２枚のプレス成形したパネルを断続の溶接で接合する構造と比較してパイプ構造による高い剛性が確保できる③980 MPa までの高張力鋼管を使うことにより、薄肉化も可能である④閉断面を構成する部品数は１部品で、成形用金型も１型で済むことから、接合するための溶接設備が基本的に不要となり、投資を削減することが可能となる、などである。

自動車部品の採用例では、海外も含めると、ボディ骨格、サブフレーム（エンジンクレードル）、バンパービーム、フロントバルクヘッドなど多くの部品に採用されている。

製品形状が似ているアルミの押出し加工に比較すると、押出し加工は同じ断面の連続成形で断面内にリブを追加することができるのに対し、ハイドロフォーミングは断面を連続して変化させることができるが、断面内に補強用のリブを付けることができないなどの違いが有る。

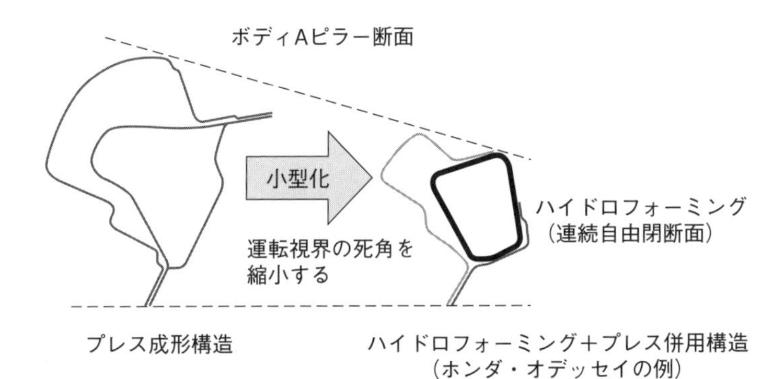

図 1.38　Aピラーの幅を狭くして視界を広げた例
（ホンダ　オデッセイ 2008 年モデル）

(5) 熱間、温間ガスブロー

ハイドロフォーミングと同様にパイプの内部に高圧ガスを注入してブロー成形をおこなうものである。ハイドロフォーミングとの違いは、

1）温間または熱間で加工する（ハイドロフォーミングは冷間）

2）高圧ガスを注入（ハイドロフォーミングは高圧水を注入）

3）高温における材料強度の低下を利用するため、型締め力が小さく、設備の小型化が可能である

などである。

使用する材料は、スチールおよびアルミのパイプ材もしくはシート材が使用される。

一般的にスチールパイプではA3変態点を超える900℃以上まで加熱した後、高圧ガスを注入することによりパイプもしくはシート材が金型形状に合わせて成形される。同時に室温の金型で冷やされて焼入れされることにより、ホットプレス同等の1500 MPaの強度材が得られる。ガス圧は、製品サイズや材質などにもよるが、高温で材料が軟化していることから、Aピラーのような部品では29 MPaほどの圧力を要する。ハイドロフォーミングと同様に、成形するパイプの投影面積と内圧を掛け合わせたものが金型を押し広げる力に相当するので、加圧するプレス機は500 t～1000 tクラスが必要になる。高水圧で成形するハイドロフォーミングの5,000 t成形機に比べれば1/5～1/10まで小型化できる。

アルミのパイプもしくはシート材のケースでは400～500℃近辺の温間域まで加熱した後、上記のスチールと同様の工程で加工する。

熱間ガスブローとプレス加工を組み合せた新しい加工方案も開発が進められている。

鋼管を熱間温度まで加熱し、高圧空気でブロー成形するとともに、ハイドロフォーミングでは極めて困難だった溶接用フランジも同時に加工する方案（**図1.39**）である。この加工方案も金型に接することにより、材料を急冷却（熱処理）することになるので、材料強度を1500 MPa近辺まで高めることができる。

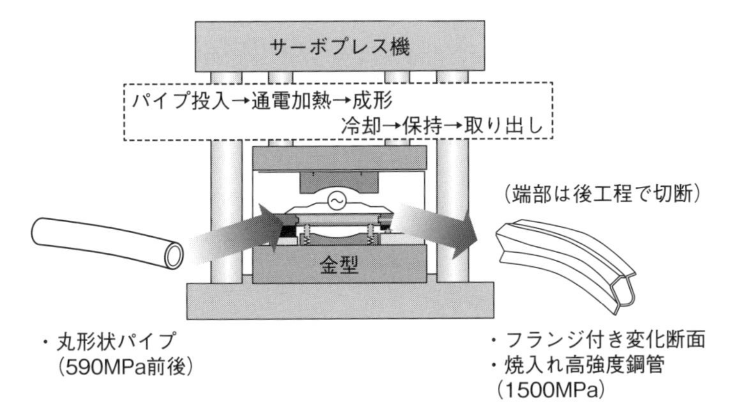

図 1.39　熱間高圧ガスブローによるフランジ付きチューブフォーミング

プレス成形	ハイドロフォーミング	熱間高圧ガスブロー
・2部品 ・溶接接合	・2部品 ・溶接接合	・1部品 ・溶接不要

図 1.40　成形法による断面比較

この加工法の特徴は、ホットプレス並みの強度とハイドロフォーミングの高剛性パイプ構造の両方の強みと従来のパイプ成形では別物を溶接していたフランジが一体で同時加工するものである。この工法を使った量産実績は未だ無いが、自動車ボディ、シャシーフレームなどへ今後適用されていくことが期待できる（**図 1.40**）。

(6) アルミ押出し加工

アルミ押出し加工は、ボディのフレームにも多く採用されている。

オールアルミボディのアウディA8では、ボディ全体の中で18.5 %を占めている。主な部品は、フロントサイドフレーム、サイドシル、フロントピラーからサイドルーフレールまでの一体品などがある。

押出し加工は、アルミブロックを口金から連続して押し出すため、同一断面の製品形状になる。アウディA8のケースでは、同一断面のフレームでも骨格として成立するように、初期の設計段階から細部の設計仕様を詰めていたと思われる。ただし、ボディのフレームはほとんどが3次元形状であるため、後工程の曲げ加工では高い寸法精度が求められることになる。ちなみに、アルミシートのプレス加工品は47.6 %、ダイキャスト加工品は27 %になっている。

以上がアルミ押出し加工によるフレーム本体をつくる話であるが、その本体同士を効率良くつないで初めて強度と剛性の高い骨格構造が出来ることになる。押出し断面のフレームがいくら強くても、結合部が弱ければ構造体としての性能を十分居に発揮することはできない。このことは、スチールやCFRPにおいても共通する重要な設計要素となる。プレス加工でつくられたフレーム部品同士を結合するには、直接溶接して接合する方法が採られるが、アルミ押出しでつくられたフレームの場合、多くの例では、アルミダイキャストもしくはアルミプレスの別部品を介して接合する方法が採られる。また、ダイキャストであれば平面部に補強用のリブを立てるなど、プレス加工では困難な高い強度と剛性をもつ接合用部品をつくることができる（**図 1.41**）。

アルミをスポット溶接で接合する場合、アルミは鉄よりも導電性が良いので、電気抵抗による発熱を利用して溶接するには、鉄よりも多大な電流が必要になる。したがって、鋼板のボディ部品を接合するスポット溶接機を使用することはできず、大電流に対応した専用の設備が必要になる。オールアルミボディのホンダNS-X（1990年～2005年）は、そのために専用工場までつくって対応したのである。アウディA8のボディ全体で見ると、スポット溶接202点、リベット2245ヵ所、F.D.S（Flow drill screws）632ヵ所、アーク溶接42メートルそして接着長さは85メートルに及んでいる。

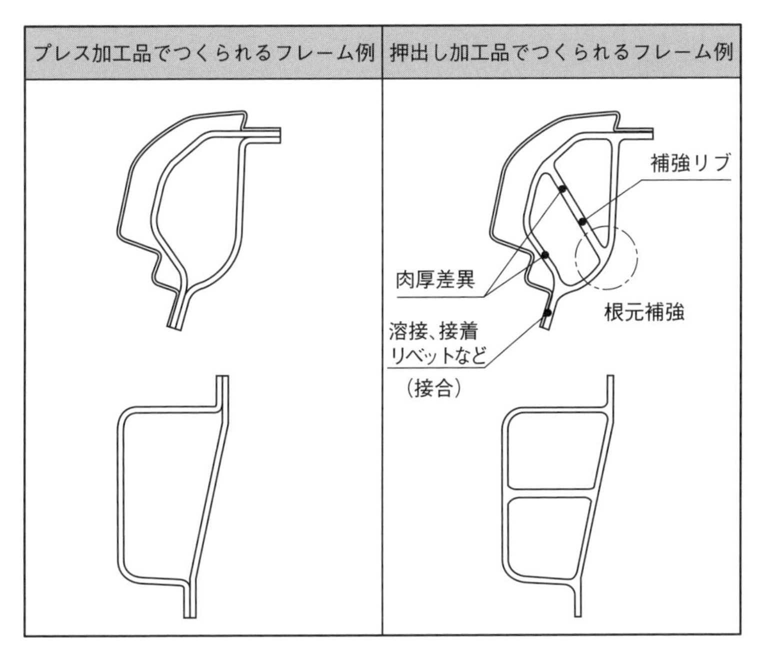

図1.41　プレス加工品および押出し加工品で作られるフレーム例

1-14-3　構造設計の工夫による軽量化

材料置換や成形加工法の工夫だけではなく、軽量化の検討には構造設計の工夫も大切な要素として挙げられる。しかしながら、軽量化に関する文献や情報が、今までは材料や成形加工法に重点が置かれてきたこともあり、特に自動車の車体のように、広範囲で複雑な設計要件の入った構造体の軽量化設計については、少ない情報に頼らざるを得なくなっている。したがって、サプライヤーや研究機関で苦労してようやく開発した技術が自動車メーカー側のニーズにマッチングしないような場面は決して少なくない。これは、材料や加工法の要望はサプライヤーにお願いするけれども、基本的な構造設計は、自動車メーカーが主導で進めるという‘暗黙の棲み分け’が両者にあって、互いに相手の領域まで踏み込みにくかったことも原因の一つとなっている。長い歴史を持つスチール製のモノコックボディ構造であれば、今までの材料技術、設計や評価技術、さらには生産関連技術と生産設備を少し工夫するだけで何とか新車開発をすることができる。しかし、自動車ではほとんど構造設計の知見を持たないCFRPを使うとなると、どういう構造にすれば成立するのかなど基本から考えていかなければならなくなる。

(1) モノコックボディ構造設計の基本

それでは、現行のモノコック構造をもう少し詳しく見ることにする。

図1.42に示すように、自動車ボディの主流となっているモノコック構造では、2つのプレス部品の両端にあるフランジをお互いに重ね合せて接合することにより、連続した閉断面のフレームがつくられる。このフレームを構成するプレス部品が、0.8 mmほどの薄い外板であっても、1.6 mmほどの内板であっても外力から受ける力を分担してもらうことになる。そうはいっても、薄い板に負担が掛かりすぎると壊れやすくなるので、厚い板や高強度（ハイテン材など）の板に負担を増やす工夫をすることが設計の基本となる。例えばAピラーは、厚板aと厚板bで強度フレームとしての閉断面をつくり、さらに薄板c（0.8 mm前後）を加えるフレーム構造になっている。厚板だけでは未だ強度が不足する場合には、更に部分的に補強部品を入れるなど、安全率を考慮した許容応力を下回るように構造設計を進めていく。

次に、ボディ全体の剛性から構造を考えてみることにする。

前述したように、現行のスチールモノコック構造は、2枚のプレス成形部品

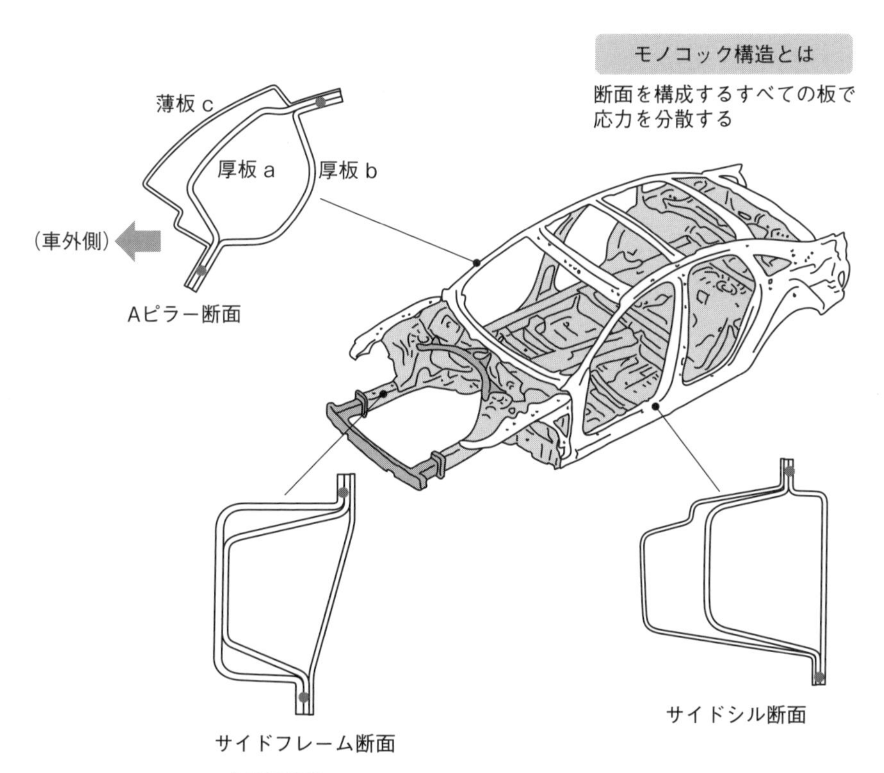

図 1.42　モノコック構造と骨格の断面例

のフランジを張り合わせて接合することにより、連続した閉断面を形成している（**図 1.43**）。しかし、スポット抵抗溶接による接合では、溶接箇所の間隔が狭いと隣の接合箇所に電流が分流し、適正な溶着強度が得られなくなる恐れがあることから、一般的には25 mm以上の間隔を空ける断続溶接としている（実際の生産では 40 mm 前後が多い）。これでは折角強度の高い材料や厚目の板を使っていても材料がもつ本来の性能を発揮できないことになる。つまり、見かけは連続する閉断面でも、実際は断続している閉断面の構造になっているのである。これに対して欧米の自動車の一部は、車体剛性を高めるために、フランジに構造用接着剤を塗布する接合とスポット抵抗溶接を併用することにより、連続する閉断面をつくる手法を用いている。これにより、板厚を増やすことなく剛性の高いボディが得られ、結果として軽量化にもつながっている。それではなぜ日本車はなかなかこの手法を取り入れないかというと、第一は、構造用接着剤を使用する場合は、合せ面に高い精度（0.1 mm 前後のすき間）が求められ、鋼板のプレス加工品で管理していくことは非常に難しい（特別な仕様治具で合せ面を押さえる方式もある）、第二は、万一、精度不良（すき間が大きいなど）のまま接着した場合は、接合強度不足になる恐れがある、第三は、接着作業による工数の増加を避けたい、などの理由がある。

(2) 骨格を構成するフレームの剛性バランスを良くする

骨格を構成するフレームの剛性バランスが悪いと、'弱い' フレームに変形が集中しやすくなる傾向がある。この様な骨格構造のケースでは、折角投入した剛性対策が十分な効果を発揮できないことになる。また、骨格フレームは、配置される場所によって全体剛性に対する寄与度（感度）に差が出るので、同じ重量を掛けて剛性を高めるのであれば寄与度の高い（感度の高い）フレームに注目し、反対に薄肉化など効果的な軽量化をする場合は、寄与度の小さい（感度の低い）フレームに注目することも一つの手法である。

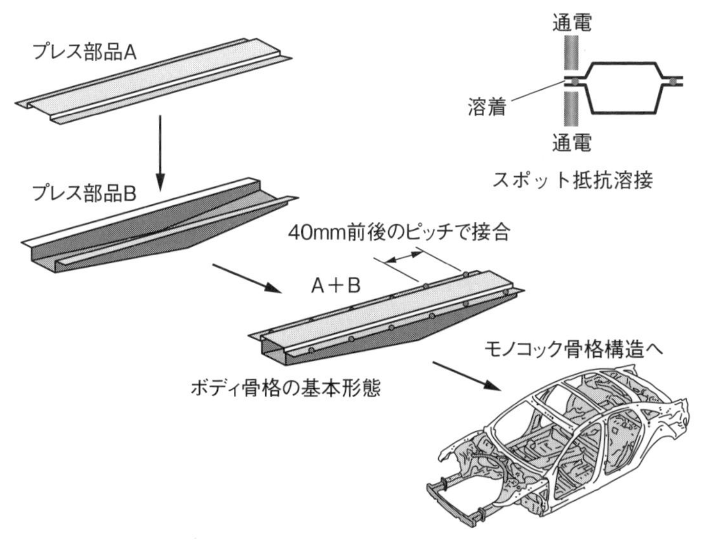

図 1.43　溶接接合をして、閉断面の骨格フレームをつくる

(3) フレーム結合部の剛性を高める

ボディ構造は、フレームの両端結合部をヒンジとするトラス構造ではなく、剛な接合とするラーメン構造として考えることから、結合部の剛性を高くすることによって、フレームの板厚を薄くしても全体の性能を落とさない結果を得るケースもある。

(4) 断面性能の向上

自動車ボディを設計する場合、骨格構造全体もしくは骨格を構成する部材に負荷される荷重やモーメントに対して、断面性能を効率的に上げることにより、剛性を落とさずに軽量化できるケースもある。この場合の断面性能は、断面の幾何学的図形から算出される断面二次モーメントが検討の対象になる。ただし、断面性能は、部材に発生する応力があくまでも弾性範囲内にある場合であって、塑性域に入ると一気に性能が弱くなるケースがあるので、想定する入力荷重を精度良く考慮した断面形状を設定することが大切である。

次に、折角、断面性能を高くしても、果たしてその性能が発揮されているのかという疑問について、実はかなり以前から論議されてきた。前述のように、現在の乗用車ボディのほとんどは、プレス成形したパネルをスポット溶接で接合し、すべての鋼板に応力を分散させるスチールモノコック構造を採用している。しかし、それに伴って、骨格フレームは「不連続」な閉断面（本来は連続した閉断面が望ましい）になり、本来の閉断面がもつ性能を十分生かしきれない構造体になっている。

これに対し、鋼管あるいはアルミのチューブ材は、もともと連続してつながっている部材なので、不連続接合と同等の幾何学的断面性能であっても、実際にはさらに高い剛性を発揮できることもある。(**図 1.44**、**図 1.45**)。過去の例では、ボルボ・C70 オープンカーの A ピラー、ホンダ・オデッセイの A ピラーなどがある。

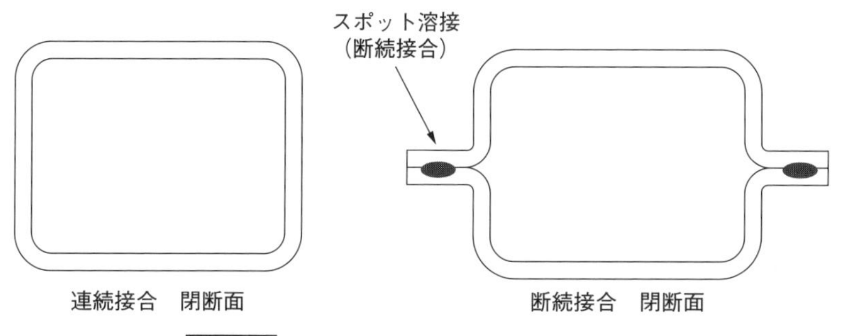

図 1.44　連続接合閉断面と断続接合閉断面

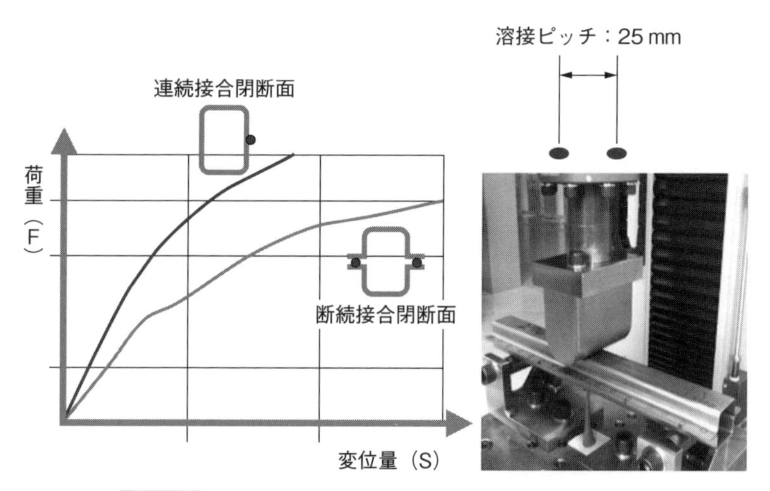

図 1.45　連続接合閉断面と断続接合閉断面の剛性差

1-15 CFRPによる軽量化設計がめざすもの

CFRPはアルミを超える軽量化素材としてすでに多くの産業分野で商品化されるようになり、自動車の分野でも一部車種のボディに採用されるようになった。初期は生産台数も少ない高価格のスペシャルティーカーを中心としていたが、2013年に欧州で発売されたBMWi3は、自動車ボディ材料の歴史を大きく変えることになった。環境問題に関心の高い地域ということもあり、月数千台のペースで販売を続けている。車体は、前後に延びるアルミ製シャシーフレーム台車（ドライブモジュール）と、その上に載るCFRP製のキャビン（ライフモジュール）で構成されている。シャシーフレーム台車がフロントボディの領域を取り込んでいるため、純粋なボディ重量を算出することは難しいが、およそ230 kg前後とみられる。また、少量生産車ではあるが、同じくCFRP製ボディを採用したトヨタのレクサスLFAも骨格の一部（フロントサイドフレームなど）にアルミフレームを併用しており、ボディ重量はほぼ同じ230 kgとなっている。

このように、BMWi3とレクサスLFAの2車種のCFRPボディは、駆動系や足回り系の部品を高い精度で搭載、組み付けし、サスペンションからの入力荷重を受け止め、万一の衝突でも乗員を安全に守ることのできるフレームにアルミを使用している。つまり、CFRP構造では、設計要件に対する技術的課題が残るあるいはコストと重量バランスから考えるとアルミを選択した方が得策と判断する領域は、まだアルミに頼っているのが実態である。

今後、CFRPを使って自動車をどこまで軽量化していくかについては、いくつかの方向性が考えられる（**図1.46**）。

1. CFRPとアルミの棲み分け（50：50前後）の方向
2. CFRPが主、金属が従（80：20前後）の方向

3. スチールボディもしくはアルミボディの軽量化をサポートする方向

次に、CFRP による軽量化設計がめざす主な課題を以下にまとめた。

1. CFRP 製モノコック構造の更なる軽量化設計技術
2. アルミ採用部位を CFRP に置換する構造設計技術
   ①衝突エネルギー吸収特性がアルミと同等以上に得られる車体構造
   ②サスペンションなどから大荷重を受けたときの強度、耐久性評価技術と車体構造
   ③スチールまたはアルミボディと同等以上の剛性を得る車体構造
3. マルチマテリアル化による軽量化設計技術
4. コスト競争力のある CFRP 車体構造

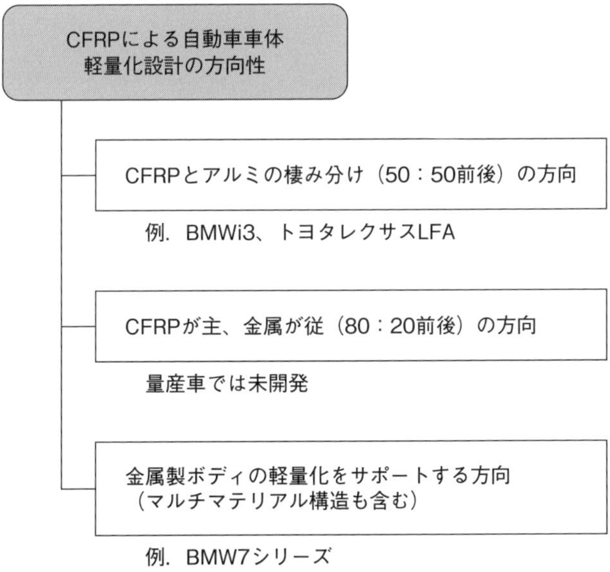

CFRPによる自動車車体
軽量化設計の方向性

- CFRPとアルミの棲み分け（50：50前後）の方向
  例. BMWi3、トヨタレクサスLFA
- CFRPが主、金属が従（80：20前後）の方向
  量産車では未開発
- 金属製ボディの軽量化をサポートする方向（マルチマテリアル構造も含む）
  例. BMW7シリーズ

図 1.46　CFRP による軽量化設計の方向性

第2章

設計に必要なCFRPの基礎知識（材料編）

2-1 CFRPへの期待

CFRPとはCarbon Fiber Reinforced Plasticの略で、炭素繊維と樹脂の複合材として炭素繊維強化樹脂複合材とも呼んでいる。炭素繊維は鉄の約1/4～1/5の密度で非常に軽く、しかも引張り強度などの機械的特性が優れている。しかし、単独では本来持っている機能や性能を発揮することはできないし、そもそも製品として希望する形につくることもできない。そこで、強化材である炭素繊維に母材（マトリクス）となる樹脂を含浸させて、互いの強みと弱みを補完し合うことにより、スチールやアルミも超える優れた特性を多く持つ複合材をつくることができるようになった。

CFRPは、この軽く、強く、錆びないなどの優れた特性を活かして、航空機の機体や自動車のボディあるいは風力発電機のブレード、スポーツ用品といった幅広い分野の商品に応用されるようになった。最近では、燃料電池車の水素ガスを貯蔵するタンクにも採用されるなど、今後もさらに新しい分野に拡大していくことが期待されている。

CFRPを採用している主な産業分野と製品例を**表2.1**に示した。

航空機の分野では、1960年代後半からCFRPの構造部材への採用が進んでいく。1960年代後半のボーイング747ではアルミニウム合金が機体全体の約80％を占めていたが、787になると約20％まで激減し、代わりにCFRPが約50％まで増えた。ボーイング社によると、777では一機当たり10トンであったCFRP使用量は、787では35トンにまで増加し、それによる燃費の向上は20％に上るという。エアバスA350もCFRPが50％を占め、それぞれ金属材料を超えるまでになっている。機体を軽量化して燃費を向上させることは、航空業界の激しい競争の中にあっては避けて通れなくなってきているので、今後も更に拡大していくものと思われる。

自動車の分野でも前述したようにCO_2ガスの排出量を減らし、燃費を向上させていくことは自動車メーカーにとっても極めて重要な戦略課題になっていることから、自動車メーカーだけではなく、サプライヤー、研究機関、大学などで、最も重いパーツであるボディを CFRP に置換していくための技術開発が活発に進められている。ただし、最大のカベとなっているコスト高をどこまで下げていくことができるのか、今後の研究開発成果に大きな期待が集められている。

表 2.1　CFRP を採用している主な産業分野と製品例

分　野	採　用　例
航空機	・機体 　主翼、胴体、尾翼など
自動車	・ボディ 　骨格、フロアーなどパネル類 　デザイン外板 ・プロペラシャフト ・ステアリングホイール
産業、エネルギー	・風力発電 　ブレードなど ・圧力容器 　燃料電池車水素ガス貯蔵タンクなど
スポーツ	・ゴルフクラブ（シャフト） ・自転車フレーム ・テニスラケット ・ヘルメット

2-2　CFRPの種類

CFRP（炭素繊維強化樹脂プラスチック）は、強化する材料である炭素繊維と強化される母材（マトリクス）の樹脂との複合材である。

炭素繊維には以下の種類がある。

現在使われている炭素繊維には、PAN系炭素繊維とピッチ系炭素繊維の2種類があり、PAN系炭素繊維はPAN（ポリアクリロニトリル）、ピッチ系はコールタールや黒鉛などの炭素をそれぞれ原料にする（**表2.2**）。PAN系炭素繊維は、一般的に密度1.8～2.0 g/cm^3、直径5～7 μmの長繊維（フィラメント）を1,000本（1K）～24,000本（24K）まで5段階（1K、3K、6K、12K、24K）の集合体にしたレギュラートウタイプと、40,000本（40K）以上を束にしたラージトウタイプがある。ピッチ系炭素繊維は、長繊維タイプと短繊維タイプ、そして原料ピッチの違いによる等方性と異方性がある。等方性ピッチ系は、密度1.6 g/cm^3、直径12～18 μmの短繊維、異方性ピッチ系は、密度1.7～2.2 g/cm^3、直径7～11 μmの長繊維を1,000本（1K）～12,000本（12K）までを5段階（1K、2K、3K、6K、12K）の集合体にしている。なお、PAN系は生産量全体の95％を占めている。

母材（マトリクス）となる樹脂は、有機材料では熱硬化性樹脂と熱可塑性樹脂があり、熱硬化性樹脂の代表的なものにエポキシ（EP）、不飽和ポリエステル（UP）、フェノール（PF）、ポリイミド（PI）、熱可塑性樹脂の代表的なものにポリカーボネート（PC）、ポリプロピレン（PP）、ABS、ナイロン（PA）などがある。

複合材のCFRPは、熱硬化性樹脂を母材（マトリクス）にした炭素繊維強化熱硬化性プラスチックス（CFRP；Carbon Fiber Reinforced plastics）と熱可塑性樹脂を母材にした炭素繊維強化熱可塑性プラスチックス（CFRTP；Carbon Fiber Reinforced Thermoplastics）の2種類があり、自動車には今のところ熱硬化性プラスチックのCFRPが多く採用されている。この大きな理由は、熱硬化性CFRPは熱可塑性CFRPに比べて、剛性が高いこと、接着剤による接合強度が高いこと、航空機では未使用であった熱可塑性CFRPは今後の研究開発で見極めていく課題が残されていること、などが挙げられる。

表2.2　CFRPのPAN系とピッチ系

	PAN系	ピッチ系
主な原料	・PAN （ポリアクリロニトリル）	・コールタールや黒鉛 などの炭素
密度	・1.8〜2.0 g/cm^3	・1.6 g/cm^3（等方性） ・1.7〜2.2 g/cm^3（異方性）
その他	・直径5〜7 μmの長繊維 ・レギュラータイプ 1,000本（1 k）〜24,000本（24 k）まで5段階 （1 k、3 k、6 k、12 k、24 k）の集合体 ・ラージタイプ 40,000本以上の集合体	・直径7〜11 μmの長繊維 ・1,000本（1 k）〜12,000本（12 k）まで5段階 （1 k、2 k、3 k、6 k、12 k）の集合体

2-3 熱硬化性 CFRP と熱可塑性 CFRP

熱硬化性樹脂は、熱を加えることにより化学反応をおこして固化し、再び加熱しても軟化せず、元に戻ることはない。

熱可塑性樹脂は、加熱により軟化し、冷却により固化するが、再び加熱すれば軟化する性質をもっている。

自動車ボディのように多くの部品が接合された構造体に CFRP を採用する場合は、最初の設計段階で、熱硬化性か熱可塑性かを決める必要がある。熱硬化性 CFRP は母材（マトリクス）に熱硬化性の樹脂を使い、熱可塑性 CFRP では熱可塑性の樹脂を使うことから、それぞれの樹脂が持つ材料特性や機械的性質により、設計の考え方や成形加工法、接合方法などが異なるからである。

航空機の機体では熱硬化性 CFRP を中心に採用してきたが、自動車の車体では、今後、熱硬化性に加えて、熱可塑性の CFRP を積極的に採用していこうとする動きが活発になってきている。

熱可塑性 CFRP に期待が集まる理由を**図 2.1** にまとめた。

（1）高い生産効率によるコスト低減への期待

すでに一部の少量生産車で、熱硬化性 CFRP が採用されているが、生産コストが非常に高く、急速に進む地球温暖化に歯止めを掛けるためには多量生産車まで採用を広げて行く必要があるが、現状のままでは非常に難しい。可能性を広げていくには、まず材料コストを大幅に下げることが重要な条件になる。

熱硬化性 CFRP は、化学反応によって硬化するまでの時間が必要になるために、どうしても成形が完了するまでの時間が長くなるが、熱可塑性 CFRP は、化学反応がすでに終了しているために、成形時間を大幅に短くすることができる。現在、日本でも様々な研究機関や大学、企業等で、熱可塑性 CFRP の成形加工技術を開発する取り組みが進められており、その中では特に、プレス成

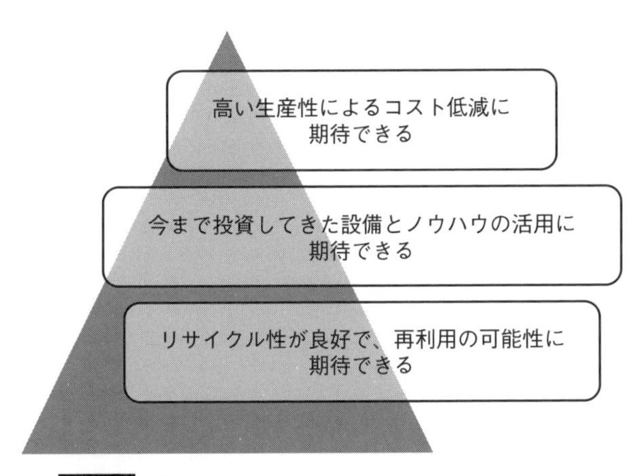

図 2.1　熱可塑性 CFRP に期待が集まる主な理由

表 2.3　熱硬化性 CFRP および熱可塑性 CFRP の違い

項　目	熱硬化性 CFRP	熱可塑性 CFRP
加熱による性質	加熱硬化前は、複雑な成形が可能。一旦硬化すると、再び加熱しても元に戻らない。	加熱すると軟化し、冷却すると硬化する。再び加熱すると軟化する。
成形時間	長い オートクレーブ＝約４時間 高速 RTM＝約 10 分	短い プレス成形＝約１分
材料費	高い (vs. 熱可塑性 CFRP)	安い (vs. 熱硬化性 CFRP)
生産設備	大型の投資 オートクレーブなど 冷凍保管場所が必要	比較的小型の投資 冷凍保管場所は不要
機械的性質	高い (vs. 熱可塑性 CFRP)	低い (vs. 熱硬化性 CFRP)
リサイクル性	あまり良くない	良い

形加工に注目が集まっている。石川県産業創出支援機構のプロジェクトによる自動車車体部品を対象とした熱可塑性CFRP材のプレス成形技術の開発では、ボディ主要骨格であるBピラーの縮尺モデル型を使って、成形時間を1分で完了する技術を確立している。

成形加工費は、その製品をつくる時間の長さにも連動するので、成形時間と前後の加工時間を短縮することできれば、コストを大きく低減することができる。今後、1分で成形できる技術が量産技術として実績を積み重ねていくことができれば、1台のプレス機で月産1万5千台分から2万台ほどの生産量を期待することができるようになる。

表2.3に、熱硬化性CFRPと熱可塑性CFRPの主な違いを示した。

(2) 今まで投資してきた設備とノウハウを活用できる可能性が高い

熱可塑性CFRPのプレス成形加工は、材料を加熱・冷却するという工程を除けば、今までスチールモノコック構造で培ってきたプレス部品の製品設計、金型製作、成形加工、生産設備、品質熟成など多くの設備やノウハウなどを活用できる可能性が高い。

CFRPは素材のコストが高いために、販売価格が比較的廉価な多量生産車には採用が難しいといわれるが、既存の設備を活用することが可能であれば新たな大型投資を減らすことにより、生産コストを抑えることができる。

(3) リサイクル性が良い

熱硬化性CFRPを再利用することは技術的にも困難であるが、熱可塑性CFRPは再利用の可逆性を持つことから、リサイクル性は良いとされている。

廃車時、接合された部品の解体・分離が容易であることはいうまでもないが、貴重な材料であるCFRPを再利用できる製品設計、ものづくり技術、そして源流に戻せる社会システムとインフラをつくっていくことが重要になる。製品設計では、熱硬化CFRPと熱可塑CFRPの組み合わせ、または異種材の組み合せに接着剤を用いて接合すると分離が困難になり、再利用につながりにくい

という前提で設計の方針を決めていかなければならない

このように熱可塑性 CFRP は、大きなメリットを持っている一方で、熱硬化性 CFRP に比べて、次のような課題も抱えている（**表 2.4**）。

1）強度、剛性が低い

2）接着剤による接着強度が低い

3）自動車ボディの構造設計技術が未だ確立できていない

3）の構造設計技術が未確立という課題に対しては、様々な企業や機関で研究もしくは開発が進められているものの、本格的な量産まで至っているケースは今のところ見られない。したがって、いきなり CFRP 独自の設計技術をつくろうとするのではなく、現在も自動車ボディの主流になっているスチールがつくりあげてきた様々な設計技術をしっかりと学ぶことから始めることが重要である。

表 2.4　熱硬化性 CFRP に対する熱可塑性 CFRP の主な課題

NO	ボディ設計に関連する主な課題
1	強度、剛性が低い
2	接着剤による接着強度が低い
3	自動車ボディの構造設計技術が未だ確立できていない

2-4　CFRPの機械的性質

炭素繊維の機械的性質については、引張強度もしくは比強度で表されることが多いが、実際に自動車ボディが通常の外力を受けて変形する場合、本体の骨格フレームは曲げと捩りの変形が多くみられる（**図2.2**）。**図2.3**に示すように、フレームが外力を受けて曲げの変形となる場合、断面内部には中立面を境にして引張り応力と圧縮応力の両方が発生することになり、強度は引張強度もしくは圧縮強度の弱い方で決まることになる。CFRPの強化材である炭素繊維は、繊維方向の引張強度は非常に高いが、圧縮強度が弱いという特性を持っている。この傾向はPAN系の炭素繊維よりもピッチ系の炭素繊維により強くみられ、圧縮強度は引張り強度の1/2近くになるものもある。したがって、スチールやアルミなどと比較する場合には、炭素繊維単独ではなく、複合材としての機械的性質をみていく必要がある。

CFRPの板厚が曲げ特性にどういう影響を与えるかという積層材の試験片を使った研究レポートが報告されている（愛媛県産業技術研究所研究報告NO.52　2014）。それによると、曲げ強さ、曲げ弾性率は、いずれも板厚にはほとんど影響しない、もしくは小さいという結果となっている。この試験（JIS K7074）方法は、単純な片持ち梁の曲げ試験であり、実際に自動車構造部材が受ける応力状態についてはさらに多くの角度から検証していかなければならないが、CFRPの構造設計では参考になる報告である。

また、スチールやアルミでは、材料方向による機械的性質の違いはほとんど見られないが、CFRPでは、炭素繊維の配列方向に対して、例えば0度、45度、90度では大きく異なる。特に90度では、炭素繊維の機械的性質はほとんど寄与せず、母材（マトリクス）となる樹脂に依存することになる。自動車ボディに掛かる力は、曲げ以外にも、引張、圧縮、せん断、ねじり、モーメントなどが複合されたものになり、しかも、荷重方向は常に一定ではない。それは、不規則な道路上を走り、衝突事故や転倒にも備えなければならない自動車の抱える必然的な条件である。したがって、特に骨格構造部材として用いる場合には、少なくとも上記 3 方向にマイナス 45 度を加えた 4 方向の配列を積層した材料を使用することが重要である。

自動車ボディの場合、骨格フレームに引張成分だけの応力が発生するケースはごく稀で、ほとんどは図 2.3 に示したような引張と圧縮が混在する応力状態となる。

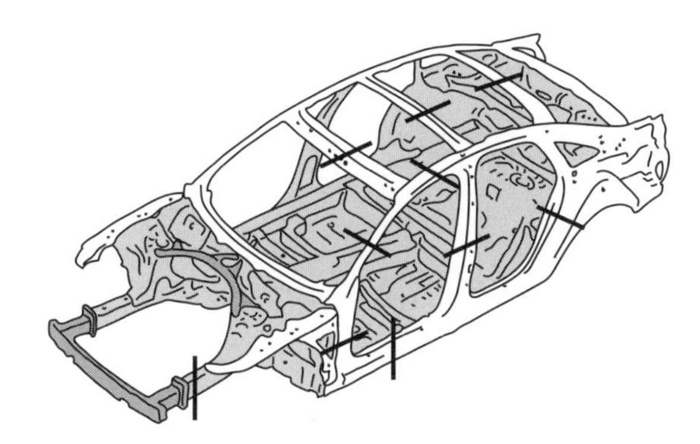

図 2.2　曲げと捩りが合成された変形を示す骨格フレーム

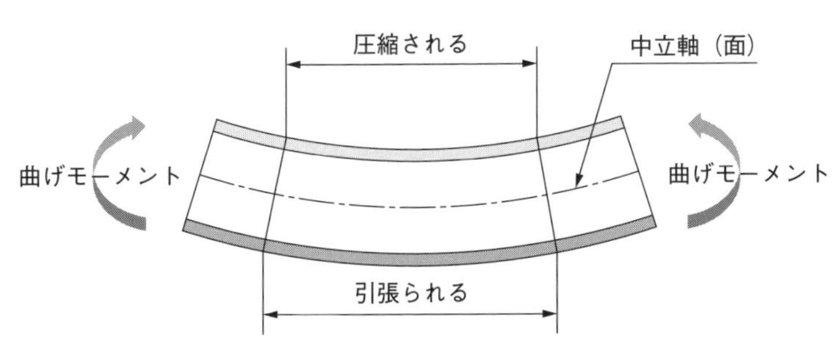

図 2.3　曲げモーメントを受けるフレームの応力状態

2-5　金属と比べる

1. 比重、弾性率

CFRPの比重は、スチール、アルミと比較するとそれぞれ1/5、1/1.8になり、素材だけでみるとかなり軽い。しかし、ここで留意する点は、比重が小さいからといってスチールと同じような構造のまま材料置換しても、部品によってはそれほど軽くならないケースがある。また、前述したようにCFRPは金属に対して曲げ弾性率が低い（熱硬化性CFRPはスチールの約1/2、熱可塑性CFRPにおいては約1/5にも低下する）ので、スチールと同じような断面では剛性が低下することになる。したがって設計する際には、ボディの部品毎に求められる要求性能（衝突安全性、強度、剛性など）を考慮しながら、CFRPのもつ優位性を生かせる断面の構造を考えていくことが大切になる。

2. 成形加工

自動車ボディの成形加工はほとんどが薄板鋼板のプレス加工であるが、アルミとCFRPはそれぞれ数種類ある。CFRPは、母材となる樹脂が熱硬化性および熱可塑性のいずれも温間域の加工となり、代表的なものにオートクレーブ加工、RTM加工、プレス加工が挙げられる。単体部品から骨格部品ができるまでの加工時間は、単体部品をつくる前後の工程（プリフォーム、形状トリムなど）を含めた成形加工時間に加えて、骨格の閉断面を形成するための接合工程など、単体から骨格フレームになるまでの累積時間で比較することも必要である。

3. 接合

スチール製モノコックボディの接合は、主にスポット抵抗溶接機による接合が用いられ、衝突や長期耐久など過酷な試験条件にも対応している。一方、CFRPは、接着やリベットなどの機械的接合もしくは熱溶着などが用いられる。BMWi3では接着長さの総延長は173メートルにのぼるなど、工数だけではなく、接着剤の重量も決して少なくはない。今後の設計課題としては、接合箇所そのものを減らすなどCFRP特有の構造設計技術を開発していくのも重要である。

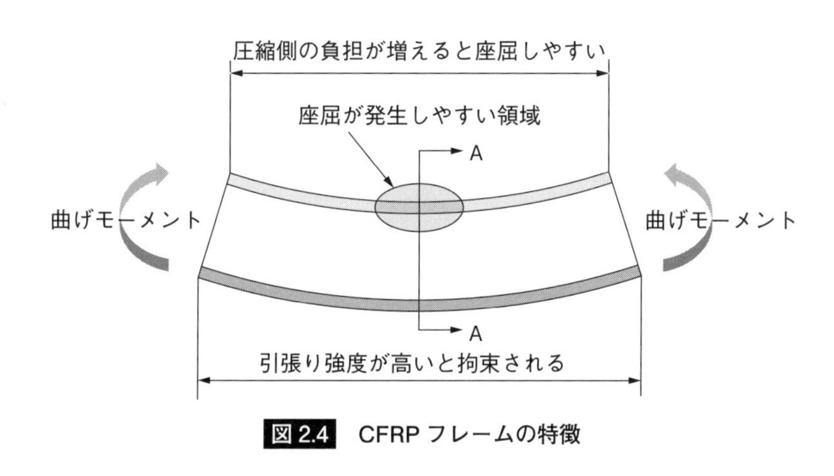

図2.4　CFRPフレームの特徴

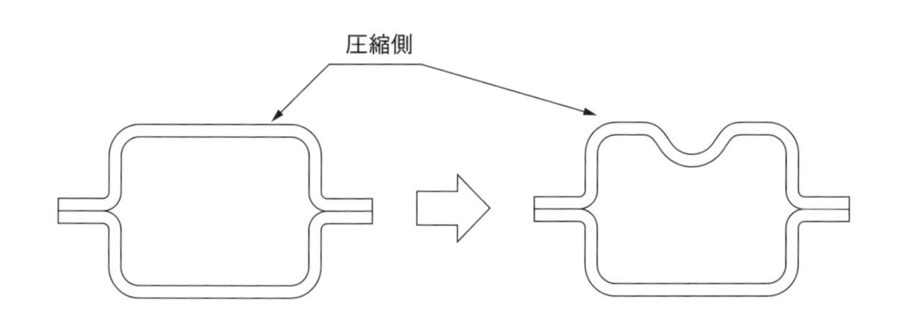

図2.5　圧縮側の座屈耐力を上げるための補強ビード追加案

2-6 自動車のボディに使う

自動車の最重量部品であるボディの次の軽量材料として、CFRPを活用していくための研究開発が、世界中の材料メーカー、成形加工メーカー、サプライヤー、自動車メーカー、各研究機関などで幅広い領域ですすめられている。

それでは、自動車ボディの研究開発に求められている課題はどのようなものがあるのだろうか。主なものを挙げる（**図 2.6**）。

1. コスト（材料コストおよび生産コスト）を大幅に低減すること
2. 成形加工時間の短縮化
3. 接着、接合技術（特に、熱可塑性CFRP）
4. CFRPの特異性を引き出す構造設計技術の開発
5. ボディの性能要件、要求特性、評価技術、品質に対するCFRP特有ノウハウの蓄積

コストについては、スチールの材料単価（100円/kg前後）と比較すると、CFRPはその数十倍にもなり、現状では、一部の高級車種に限定せざるを得なくなっている。材料コストの低減では基材の焼成工程や生産工程の見直しなど、生産コストの低減では成形時間とその前後の工程の効率をさら高めていくことなどがカギになる。また、従来の設計作業と同様に、CFRPにおいても設計の源流からコスト低減を進めていく構造設計技術を開発していくことも大変重要になっている。

成形時間の短縮化については、熱硬化性CFRPではハイサイクルRTMが現在では10分程度にまで短縮されるようになり、今後、さらなる短縮化が期待される。樹脂の反応時間を必要としない熱可塑性CFRPは、前述のように温間プレス成形で、成形時間1分の開発事例も報告されており、今後は成形品

質の安定化と前後工程の効率化などが課題として残されている。

CFRP の特異性を引き出す構造設計技術については、スチールまたはアルミと同等性能をもつ構造を開発の目標にすることになる。

今まで本書で述べてきた内容を含めてまとめると以下のようになる。

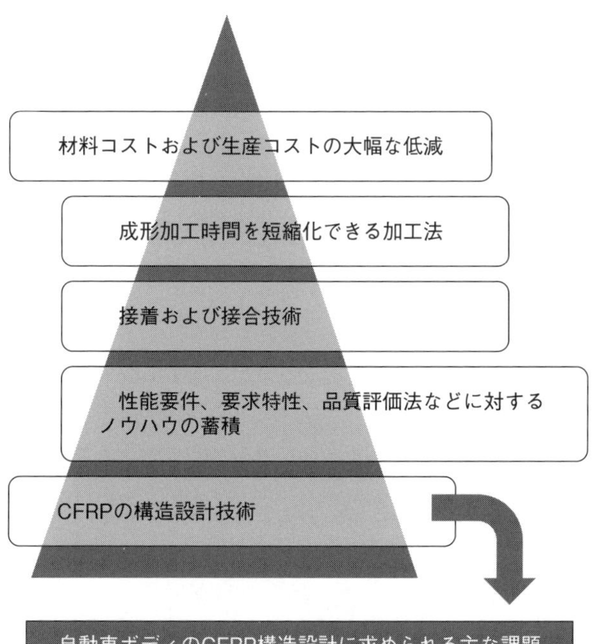

自動車ボディのCFRP構造設計に求められる主な課題
サスペンション取付け部に必要な強度、剛性
シート取付け部やシートベルトアンカレッジなどの強度
車体剛性（曲げ、ねじりの静的および動的剛性）
完成車状態における衝突エネルギー吸収性能
ルーフ強度などの大変形強度
フード、ドア、トランク、バックドアのヒンジ、ロック、ドアチェッカー取付け部強度

図 2.6　自動車ボディに CFRP 使用を検討する主な課題

1．サスペンション取付け部に必要な強度、剛性
2．シート取付け部やシートベルトアンカレッジなどの局所的強度
3．車体剛性（曲げ、ねじりの静的および動的剛性）
4．完成車状態における衝突エネルギー吸収性能
5．ルーフ強度などの大変形強度
6．フード、ドア、トランク、バックドアのヒンジ、ロック、ドアチェッカー取付け部の強度

自動車の車体に掛かる荷重には、静的荷重、動的荷重および衝突による衝撃荷重などがあり、さらに縁石乗り上げなどの単発の大荷重やサスペンションから繰り返し負荷される不規則な荷重など、単純に引張り強度だけでは評価できない項目が多く存在する。特に、縁石乗り上げに想定する入力荷重は自動車メーカーによって違いはあるが、20 KN 前後までを考慮する必要がある。シート取付け部やシートベルトアンカレッジの詳細は後述するが、車が衝突したときに乗員が前方へ移動する量を少なくして、身体傷害レベルを低減するために重要な設計要件である。また、ルーフ強度は、衝突したとき、車両が転倒もしくは回転したときに、乗員の頭の付近のボディ変形量を少なくして、頭部への傷害を低減するための設計要件である。シートベルトアンカレッジ、ルーフ強度については国レベルの基準が存在する。

また、樹脂には、温度によって機械的特性が変化することがあるので、自動車の車体を評価する一般的な環境温度範囲の－40℃から＋80℃までを想定する必要がある。

図 2.7 は、NEDO による「自動車軽量化炭素繊維強化複合材料の研究開発」プログラムの一部であるが、CFRP を積極的に採用することにより現行のスチールボディに対し、重量を 1/2（200 kg）まで軽量化、かつ、衝突時のエネルギー吸収量を 1.5 倍に高めることを目標にしている。この計画では、現行のボディ重量を 400 kg とし、その内の 70 %となる 280 kg が骨格の構造部材、残る 30 %の 120 kg をパネル材としている。

第 1 章でも紹介したように、スチール、アルミ、CFRP 主体の樹脂（55 %）

3種類の自動車ボディを比較すると、ボディサイズが異なるためあくまでも参考レベルではあるが、それぞれ70 kgほどの重量差が有る。CFRPボディのレクサスLFAは、230 kgまで軽量化され、BMWi3は、プラットフォームのアルミ製ドライブモジュールにシャシー領域が含まれているため純粋なボディ重量分を抜き出すことが難しいが、200 kg台前半のボディ重量になっている

したがって、目標とする現行スチールボディ重量の1/2化（200 kg）を達成するためには、更に30 kg以上の軽量化技術を新たに開発していかなければならないことになる。そのためには前述したように、モノコック構造にとらわれない新しい発想のボディ構造と、現在、アルミに頼っているプラットフォームなどをできるだけCFRPに置換できる構造の開発が必要になる。

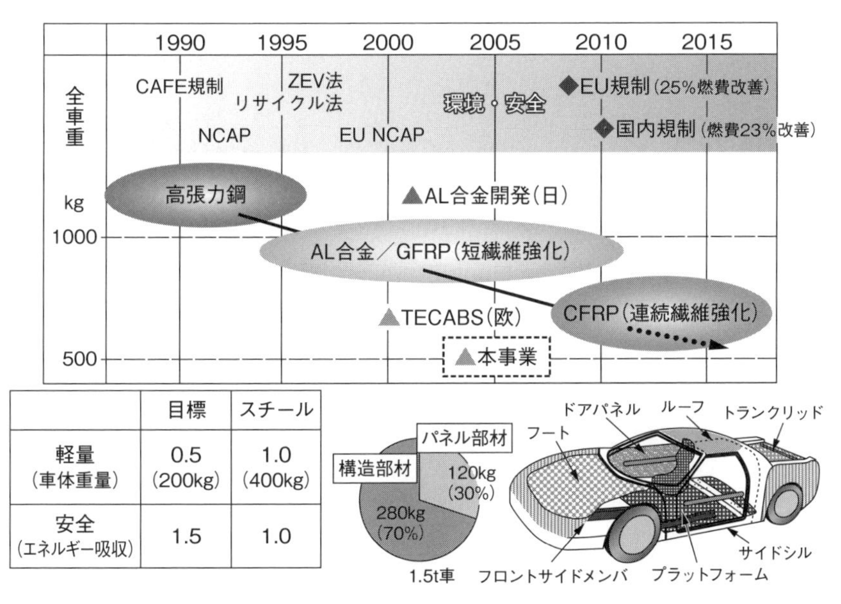

	目標	スチール
軽量（車体重量）	0.5（200kg）	1.0（400kg）
安全（エネルギー吸収）	1.5	1.0

図2.7　自動車軽量化炭素繊維強化複合材料の研究開発

（出典：NEDO技術開発機構ナノテクノロジー・材料開発部　2008.11.7）
省エネルギー技術開発プログラム「自動車軽量化炭素繊維強化複合材料の研究開発」
（2003年度～2007年度）プロジェクトの概要
NEDO技術開発機構ナノテクノロジー・材料技術開発部　2008年11月7日

第3章

設計に必要なCFRPの基礎知識（加工編）

3-1　CFRP成形加工法の要点

CFRPの成形加工は、鉄やアルミの成形加工に比べて、より素材の種類と特性を理解することが大切である。成形加工法に適した素材を選択することができれば、あるいは、素材に適した成形加工法を選択することができれば、本来CFRPの持っている特性を十分に引き出すことができる。実際に自動車への適用を検討する場合には、製品に求められる要求特性や品質、コスト、生産性、リサイクル性などによっても成形加工の選択が異なるので、設計の初期段階では十分な時間を掛けて計画を立てることが重要になる。

第2章で述べたように、CFRPには母材（マトリクス）となる樹脂によって熱硬化性と熱可塑性に分類されるので、どちらを選択するかによって成形加工法が大きく異なる。また、ボディの骨格部材とドア、フェンダー、フードなどの組み付け部品では、求める要求特性がそれぞれ異なることから、ケースによっては両者で成形加工法が異なる場合もある。

自動車ボディで多く用いられているCFRPの成形加工法は、CFRPの種類により、熱硬化性CFRPでは、高温、高圧の密閉タンク内で成形するオートクレーブ加工法と加圧成形機の上下型内で熱硬化性樹脂を注入するRTM加工法が代表的なものとして、熱可塑性では、プレス加工などが同じく代表的なものとして挙げられる（**図3.1**）。

オートクレーブ加工法は、オートクレーブ成形と前後の工程を加えた総加工時間は数時間にも及ぶが、一方では、金型形状を忠実に再現し、高い精度の面をつくることができることから、デザイン外板部品に適している。

RTM加工法は、近年では、樹脂の注入方法を進化させて、10分程度の高速成形加工を可能にしたハイサイクルRTMも登場するようになった。

プレス加工法は、成形シート材と金型を加熱して成形するもので、熱可塑性CFRPの特徴である加熱すると軟化し、冷却されると硬化する性質を利用して極めて短時間（現在の開発では１分程度まで短縮されている）で成形が完了する。

次に、熱硬化性 CFRP と熱可塑性 CFRP の成形加工について述べる。

主な加工法	加工法の説明
オートクレーブ Autoclabe Molding	トリミングしたプリプレグを型に積層して張り付けた後、シート（袋）で覆い、内包された空気や揮発物をオートクレーブ内で真空除去し、加熱・加圧して硬化させる成形法 ・プリプレグを型に貼り付け ・ビニール袋等で密封する（空気取り出し口をつける） ・オートクレーブに入れ、加熱、加圧をおこなう ・取り出し
RTM成形 Resin Transfer Molding	樹脂注入成形法。 プリフォームが必要。溶融した熱硬化樹脂を低圧化で金型に封入された強化繊維プリフォームに注入し、加熱硬化させる成形法。 加工時間は、製品サイズにもよるが10分前後まで短縮されてきた。 ・プリフォーム材を配置 金型加熱 ・含浸・硬化 真空吸引　樹脂調合 加圧注入 ・取り出し
プレス成形 Stamping	プリプレグシートと金型を加熱する。 プリフォームを必要としない開発も進められている。 熱可塑性樹脂では、成形加工時間1分以下をめざしている。 ・プリプレグ配置 金型加熱 ・成形 ・取り出し

図 3.1　CFRP の主な成形加工法

3-2 熱硬化性 CFRP 成形加工法

自動車ボディに熱硬化性 CFRP を採用する場合の成形加工法は、オートクレーブ成形法もしくは RTM 成形法（Resin Transfer Molding）が多く用いられているので、以下に概要を説明する（**図 3.2**）。

オートクレーブによる成形は、－20℃に冷凍保管された中間基材のプリプレグシートを加工前に取出し、製品の展開形状に合わせてカッティングを行う。次に、カッティングされたシートをドライヤーなどで加熱して軟らかくしながら人の手で型に張り付けていく。この時、部分的に強度を増したい領域には数枚重ねて積層する。その後、空気取り出し口が設けられたビニール袋で型全体を包み込み、オートクレーブに投入する。オートクレーブでは、ビニール袋に内包された空気や揮発物を真空除去し、加熱・加圧してシートを型に密着させて成形し、硬化させる。投入から 4 時間ほどで取出し、製品形状に合わせてカット、穴あけをウォータージェットなどにより加工する。かなり手間と時間の掛かる成形加工法だが、型形状に忠実に合わせることができるため、精度が高く表面の綺麗な製品をつくることができる。

また、大型のオートクレーブであれば、スチールモノコック構造の場合、分割していた部品をまとめて一体化することも可能であり、あるいは、数部品の型を入れて、同時成形することも可能である。

この成形加工法の課題は、

1. 大型のオートクレーブ設備を必要とすること
2. 成形加工が完了するまでに数時間を要すること
3. 加工コストが高いこと

などが挙げられる。

RTM 成形は、熱硬化樹脂を含浸していない炭素繊維強化シートをあらかじめプリフォームし、次に成形用プレス機に投入した後、溶融した熱硬化性樹脂を型内に注入（含浸）し、加熱、硬化させる。近年、成形時間を10分程度まで短縮できる技術（ハイサイクルRTM）が開発、量産化され、生産性を大きく高めている。トヨタのレクサスLFAやBMWi3も、ハイサイクルRTM加工法が採用されている。

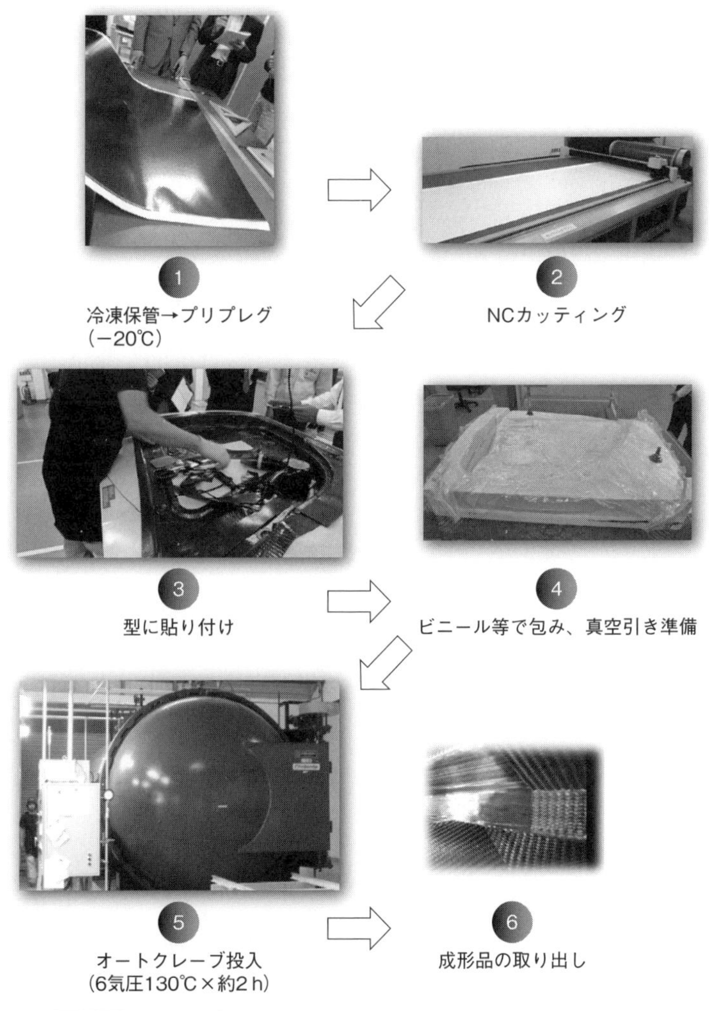

図3.2　熱硬化性CFRPのオートクレーブ成形加工工程の例

3-3 熱可塑性CFRPの成形加工法

熱可塑性CFRPのプレス成形は、炭素繊維に予め熱可塑性樹脂を含浸したプリプレグシートと成形用の金型を加熱して、シートを軟化させた状態で成形する。プリフォームを経ないでシートから直接成形することもできる。熱硬化性のように母材（マトリクス）となる樹脂の重合反応に要する時間が不要になることから、成形時間を大きく短縮できる。すでに一部の研究機関などでは、開発レベルではあるが1分で成形する技術が生まれている。

前出の石川県産業創出支援機構と地場産業が中心に進めているプロジェクトによる「熱可塑性CFRPのプレス成形加工の開発」では、成形性に大きく影響を与える熱可塑性樹脂の温度特性に対し、プレス機の加圧力と金型の温度を精密にコントロールすることによって、ボディのBピラーのような難易度の高い複雑な形状も1分以下で成形する加工技術とノウハウを開発している（**図3.3**）。

上記研究におけるプレス成形の基本プロセスは以下である。

①シートの投入

成形に必要な大きさ、形状にカットしたものを加熱装置に投入する。

②シートの加熱

近赤外線ヒータによる加熱装置を用い、樹脂が軟化して成形可能な状態になるまで行う。

③プレス機に投入

加熱終了後、プレス機にセットされた金型に搬送、投入する。

④プレス加工

金型に投入後、プレス機のスライドが上死点から下死点まで下降し、一定時間保持した後、上死点に戻す。下死点の保持は冷却で収縮する成形品の形状を安定化するために行われる。また、このときの加圧はシートが金型と接触して硬化する前に開始する必要がある。

⑤取出し

　また、上記の研究開発では、まだ実験の段階であるが、フレームのタテカベ（そのままでは加圧力が弱い）を適正に加圧する独自の方法を考案し、自動車部品への適用の可能性を広げている。

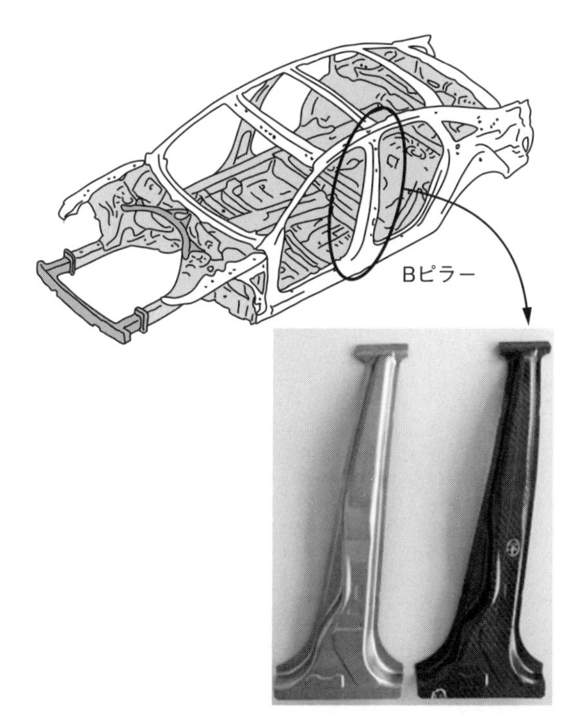

（左）スチール材成形品　（右）熱可塑性CFRPプレス成形品

（いずれも1/3縮尺型にて成形）

図 3.3　スチールと熱可塑性 CFRP による B ピラー
（写真提供＝北陸プレス工業（株））

3-4 接合

3-4-1 ボディ接合の考え方

自動車ボディのような構造体は、一体あるいは数分割の少ない部品数でつくることはあまり得策ではない。それは、ある特定の部位に、決まった力だけが入力されるのではなく、むしろボディ全体に複雑な方向と大きさの力が入力されると考えるべきである。しかも、入力される荷重の方向や大きさも一定ではなく、縁石など突起に乗り上げたときのサスペンションからの大入力、あらゆる方向からの衝突など、実に様々な形態の力が負荷されることを前提にしなければならないからである。

同じ材料グレードや板厚などを広範囲に統一すると、どうしても最大荷重負荷時の対応で設計の仕様を決めることになるので、かえって重量が重くなってしまうことになる。実際、現行のスチール製モノコックボディでは、種々の材料仕様を適材適所に使い分けをしており、板厚では0.7 mmから1.8 mmの範囲が多く、材料グレードでは、普通鋼板から590 MPa～1500 MPa超のハイテン材まで合計数十種類の板材を組み合わせ、最も重量効率の良い構造設計をおこなっている。

また、ホットプレス成形でつくられる1500 MPa材をフロントボディに使うと、強度が強すぎてエネルギーを吸収することが難しくなり、その半分程度の強度をもつ材料が多く使用されている。局部的に力が掛かるような部位（部品）には、単品ごとに板厚を増すか、別物の補強材を追加するなどの工夫をおこなっている。この考え方が、長い歴史をもつスチール製モノコックボディを設計する際の、基本的な考えになっている。

CFRPの場合は、小さな部品をまとめて大形化した部品でつくるという考え方もあるが、前述のように、最も強度の必要な箇所の材料仕様に統一されることになり、場合によっては必要のないところまで肉厚を厚くすることにもなりかねない。熱硬化性CFRPを使うオートクレーブ加工であれば積層するプリプレグシートの枚数を必要となる部位だけ増やすことや、補強材を追加することができるので、このようなケースは考えにくいが、熱可塑性CFRPを使ったプレス成形加工では、この点を十分に考慮する必要がある。

部品点数と接合点数または接合長さを考えながらボディをどのように分割して、どのように組み立てていくかは、重量、工数、投資、コストなどに大きな影響を与えることになるので、設計をする際には、考えられる幾つかのパターンを描きながらシミュレーションをするなどをして、最適解を導き出していくことが重要である（**図3.4**）。

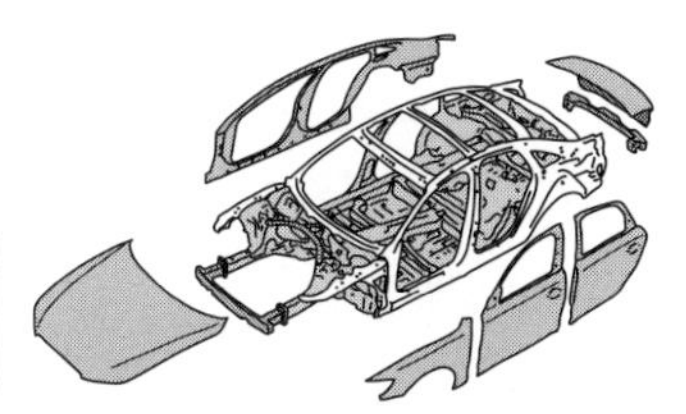

CFRPによる構造設計では想定する荷重負荷と分割に伴う課題を把握することが大切

NO.	接合設計の課題
①	想定する荷重負荷に対して、 最大応力が発生する部位に材料仕様を統一すると、構成部品数と接合する箇所が減少するが、重量は増える傾向になる。
②	想定する荷重負荷に対して、 最大応力が発生する部位近傍のみに肉厚を厚くするなどの対応をする場合は、軽量化は図れるが、構成部品数と接合する箇所が増加する傾向になる。
③	マルチマテリアル設計の場合、 構造的には最適化を図れる場合があるが、異種材の接合やリサイクル性の課題を抱えることになる。

図3.4　接合設計の課題

3-4-2 CFRPの接合

自動車ボディの接合方法は、現在、**図3.5**に示したものが多く使われている。

モノコック構造では、ハット（帽子）形の断面でフランジ（ツバ）を備える2枚の成形部品を接合して、ボディ構造要素の骨格フレームをつくる。フランジは、接合するために設けられたもので、スポット抵抗溶接の場合は、ナゲット（約ϕ6 mm）が多少ずれても安定して溶着できるように、平坦部は14 mm前後の巾をもたせている。溶接電流の分流を防ぐために、通常は40 mm前後の間隔で溶接をする。接着接合する場合は、この平坦部に必要な長さの構造用接着剤を塗布して接合する。このときのフランジ合せ面のすき間は、0.1 mm程度が良いとされている。図4.16に示すように、スポット溶接1打点の引張剪断強度は約15 KNであるので、接着剤を使用する場合は、これ以上の接着強度を確保する必要がある。しかし、実際には接着剤のみで接合することはほとんどなく、スポット抵抗溶接を併用している。

CFRPを接合する方法には、以下のものがある。

1．接着剤による接合

2．融着による接合

3．機械的（リベットなど）な接合

接着剤による接合は、熱硬化性CFRPでは、母材（マトリクス）にエポキシ系樹脂を使用することが多く、接着剤もエポキシ系を使うことにより、モノコックボディのような構造体でも、ある程度の接着強度は得られる。しかし、熱可塑性CFRPは、母材（マトリクス）となる樹脂の接着強度が、現在の接合技術では十分得られないので、技術が開発されるまでは、融着または機械的な接合と併用するなどの方法が一般的なものといえるであろう。

融着による接合は、熱可塑性CFRP同士を接合する場合に有効である。超音波融着、抵抗融着などの方法が提案されており、今後は、異種材との接合が可能となる技術の開発が期待されている。

機械的な接合は、スチールボディのスポット抵抗溶接と同じ箇所数にすることは現実的では無く、接着剤と併用することにより、点数を出来るだけ少なくすること、もしくは局部的な補強に限定するなどの使い方が一般的である。

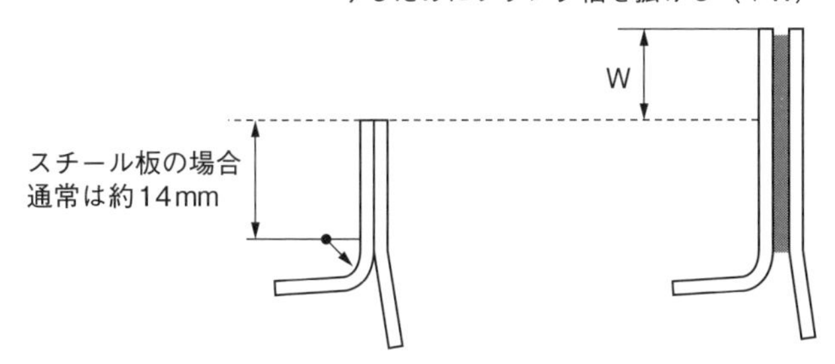

	スチール部品の接合	CFRP部品の接合
2つの部品を接合する	・スポット抵抗溶接 （ナゲット径：約6mm） ・ミグ溶接 ・接着（構造用接着剤） （接着層：約0.1mm）	・接着 （接着層：約1.0mm） ・機械的接合 （ファスナーなど） ・溶着
A　B	ナゲット径 約6mm	

図3.5　スチールと CFRP のフランジ接合

第4章

軽量化設計の手順とそのポイント

4-1 ボディ材料にスチールが使われている理由

第1章で述べたように、自動車は金属、樹脂を中心に多岐にわたる材料が使用されている。しかし、最も重いパーツのボディにはほとんどスチールが使われており、100年を超える自動車の歴史を通じてなぜスチールが主役を守り続けているのであろうか（**図4.1**）。

第一は、何といっても他の金属や樹脂に比べて圧倒的に材料費と加工費が安いことである。スチール（鋼板）の材料費は1kg当り100円前後で、専用の金型でプレス成形し、その後、溶接を加えてアッセンブリーしても、1kg当りの部品コストは300円前後である。これに対し、アルミは材料費だけでも1kg当り300～400円前後となり、CFRPにいたっては数千円にもなる。軽量、高剛性かつ衝突安全性に優れたボディを開発するには、絞られたユーザー層をターゲットにするスペシャルティーカーでもない限り安くて造りやすいスチールを選択することは、ごく自然なことでもある。

第二は、スチール鋼板は、強くて、衝突エネルギーを効率よく吸収し、しかも、加工しやすいという考え方がボディ設計の基本にあって、それに伴う生産技術や設備等のインフラが整備されてきたことである。

第三は、日本を始めとする世界の鉄鋼メーカーが、将来、アルミやCFRPなどの軽量材料に主役の座を奪われていくのではないかという危機感から、自動車メーカーからの厳しい要求に着実に応えてきたことである（**図4.2**）。ハイテンでいえば、440 MPaから始まり、今や冷間成形用では1200 MPaまで、さらに最近では、熱間プレス（Hot Stamping）のように、鋼板を950℃前後まで加熱し、プレスの上下金型により成形と同時に冷却、焼入れする技術も登場している。現在では、1800 MPaあるいはそれ以上の強度まで加工できる開発も進められている。

自動車ボディに使われるスチールの歴史は、高強度化と成形性の開発の歴史

材料費と加工費が安い
（材料費・約100円/kg）
生産技術や設備のインフラが整っている
自動車メーカーの「進化する要求」に
着実に応えてきている

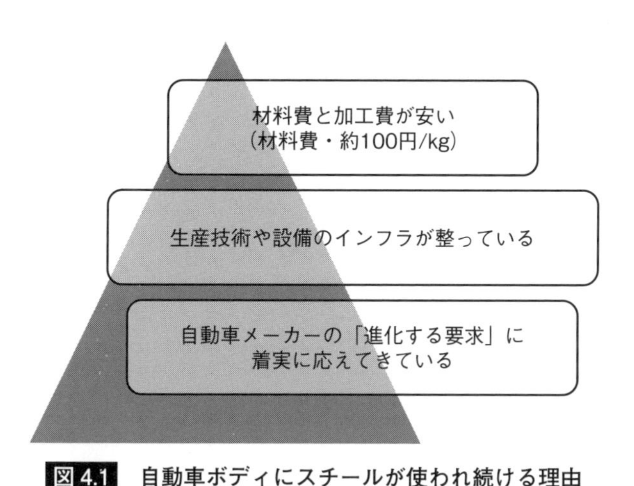

図 4.1　**自動車ボディにスチールが使われ続ける理由**

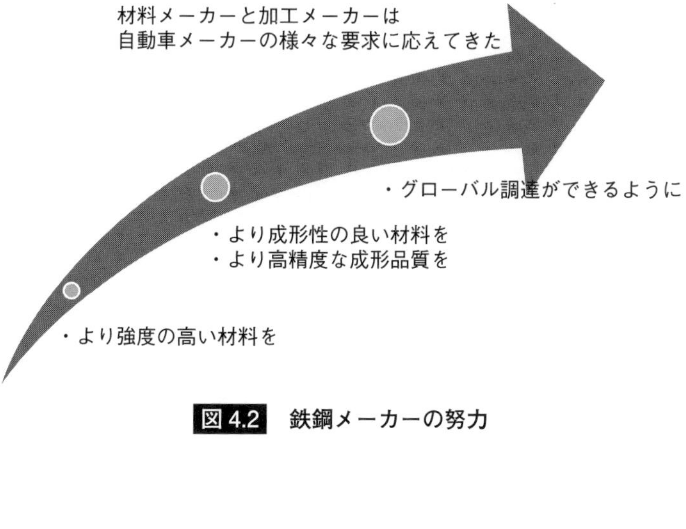

材料メーカーと加工メーカーは
自動車メーカーの様々な要求に応えてきた
・グローバル調達ができるように
・より成形性の良い材料を
・より高精度な成形品質を
・より強度の高い材料を

図 4.2　**鉄鋼メーカーの努力**

といっても過言ではない。高強度化された材料は、最初は難成形性であっても、鉄鋼メーカーの材料技術と部品サプライヤーの加工技術で何度もカベを乗り越えてきた。スチールの素晴らしさは今でも受け継がれているのである。

そのようなスチールに対して、今後、CFRPが自動車に入り込む余地はあるのだろうか。実は、スチールは、次なる軽量化の有望な技術がなかなか見つからない不安も抱えている。もし、スチールの限界を超える軽量化の要請が強まれば、車両重量を数百キログラム軽く出来る軽量材料へシフトしていく可能性が大きい。その為には、スチールボディで積み重ねてきた多くの設計ノウハウを学び、その上でCFRPの強みを十分に生かせる新しいボディ構造を今から準備していくことが大切となる。

それでは最初に、CFRP素材をどのように選択していくかについて考えていくことにする。

4-2 素材の選び方

4-2-1 強度からみた素材の選び方

第1章の1-12節「自動車ボディの材料と成形法」で説明をしたように、スチールでは、従来のハイテンよりさらに強度の高いウルトラハイテンや熱間のホットプレス品など高強度化が進んでいる。

一般的に使用される材料を強度別にみると、普通鋼板、440、590、780、980、1,180、1,350、1,500、1,500超（いずれも単位はMPa）になる（**図4.3**)。これだけの種類がメニューに揃っていると何を選択したら良いか判断に迷うところであるが、材料強度が高いものほど軽量化で採用しやすいかというと実はそうでもない。1,500 MPaにもなると、採用している多くの車種は、ドア開口まわりの骨格に集中していて、フロントボディに採用している例はほとんど見られない（**図4.4**)。これは、ドア開口部のボディ強度を出来るだけ高めることに

図 4.3　自動車ボディで使用されている鋼板材料強度の種類

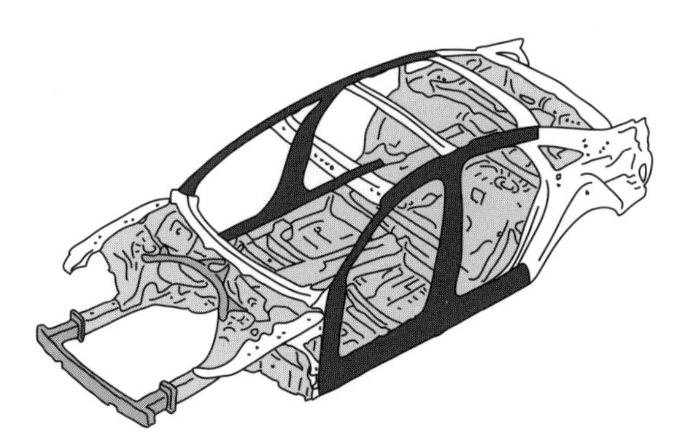

図 4.4　ホットプレス（1,500 MPa）の部品はドアまわりに集中している

よって、万一、側面衝突事故が起きた時に、相手車両や障害物（電柱など）の侵入量を出来るだけ少なくして、乗員の傷害を抑えることができるとの考えに基づくものである（**図 4.5**）。衝突安全に対する考え方が異なるフロントボディに仮にこのような超高強度の材料を採用したとすれば、前面衝突の時、メインとなるフレームはほとんど変形することなく後方のキャビン（室内）側に侵入し、乗員の傷害ダメージを大きくする可能性がある。したがって、多くの車のフロントボディには半分程度の強度である 780 MPa 前後の材料を採用することにより、衝突前直前に車両がもっている運動エネルギーを、フロントボディの変形エネルギーに変換させるようにしている。その結果、乗員が高速で前方に飛んでいく加速度が高くなり過ぎないようにできるのである。

以上、自動車の側面衝突と前面衝突では、採用する材料強度の考え方が異なることを説明した。

CFRP だけをフロントボディに採用した量産車は今のところ見られないが、前面衝突の場合は、エネルギー吸収量と合わせて車体変形量も衝突特性の重要な要素になる。乗員の安全を守ることのできるエネルギー吸収することに長い時間を掛ければ車体の変形量が増えることになり、室内への侵入量も拡大することになる。したがって、フロントボディのクラッシャブルゾーン（車両前後方向の変形が見込まれるフレームのトータル長さからエンジンなどの変形しない固体物長さを差し引いたもの）の範囲で乗員に大きな傷害を与えない加速度をできるだけ長く持続させるような構造を設計することがカギになる。このことは、スチールやアルミだけではなく CFRP でも同じ考え方でよい。また、材料によって衝突の波形に特徴を持っているのでその特徴を最大限設計に生かす工夫も重要である。

しかし、CFRP の場合は引張り強度に比べて圧縮強度が低い値を示すので、自動車のような構造部材に適用する場合は注意が必要である。

素材の選択では、スチールボディは、普通鋼板、冷間プレス用ハイテン鋼板、熱間成形（ホットプレス）による 1,500 MPa 超の 3 種類の材料が使われている。冷間プレス用のハイテン材は、引張強度 440 Mpa～1,350 Mpa までの 6 段階に分けられており、各骨格構造部材は求められる要求特性に応じて最適な強度の材料を選択する。前述したように、強度が高すぎると、衝突荷重を受けたとき、変形量が少ないまま座屈や破断に至る傾向があり、変形させてエネルギー吸収を多くしたい前面衝突および後面衝突の場合には、適さないケースもある。

CFRPの場合には、種類間でスチールほどの強度差はみられないが、少しでも強度を上げる必要がある場合には、熱可塑性CFRPよりも熱硬化性CFRPを選択することになる。ただし、熱可塑性と熱硬化性では、加工方法や加工時間、投資、生産コストなどに違いが生じるので、どちらを選択するかは、何を優先するのかを明確にしていくことが重要である。

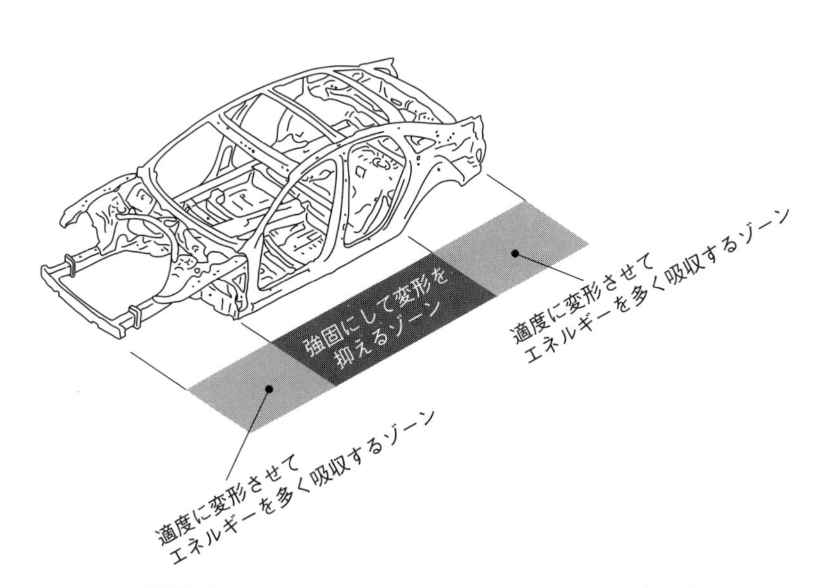

図4.5　各ボディゾーンにおける衝突安全設計の考え方

4-2-2　剛性からみた素材の選び方

スチールの場合、ハイテン化しても材料の弾性係数まで上げることはできないので、単純に薄くすると剛性が低下することになる。したがって、断面の形状を工夫するなどをして断面性能を上げることにより、剛性の低下をリカバリーすることになる。

CFRPは、スチールやアルミに比較すると素材の曲げ弾性率が低いので、スチールと同じ板厚の設計仕様では車体剛性が低下し、場合によっては構造として成り立たないことにもなる。どの程度の板厚にすればスチールやアルミと同等になるかは、骨格部品の場合には断面性能の大きさにも大きく関係する。板厚を増やして断面性能を上げるか、板厚は増やさずに断面の大きさや形状を工夫するかは、部材に与えられた設計条件などいろいろな条件によってどちらかを選択をすることになる。

実際のボディ設計では、まず主要な骨格フレーム個々の断面性能を計算し、前のモデルや車格の近い車種の断面性能と比較しながら最終的な形状を決めていくことが多い。断面性能は、ボディ全体の剛性や衝突安全性に大きく影響を及ぼすので、特定のフレームだけを上げれば良いのではなく、廻りのフレームとのバランスを考えることが重要である。フレーム間のバランスが取れていないと、負荷が掛かった時、最も弱いフレームに応力が集中する極めて効率の悪い構造になる。したがって、いかに廻りのフレームとバランス良く結合した構造体をつくる事ができるかが軽量化設計の一つの重要な要素になる。

断面性能の検討でよく使う断面二次モーメントは、**図4.6**に示すように、板の微小面積（dA）と、図心を通る座標軸からの距離（xまたはy）の二乗を掛けたものとの合計になる。このときの座標軸がX軸であれば、X軸廻りの断面二次モーメントということになる。つまり、断面二次モーメントを増やすには、計算上は、板厚を増すよりも、断面のサイズを大きく（図心を通る座標軸から遠くする）した方が効率良いことになる。しかし、この場合の断面性能はあくまでも図形上の断面性能であって、材料物性や力学的な要素が加えられて

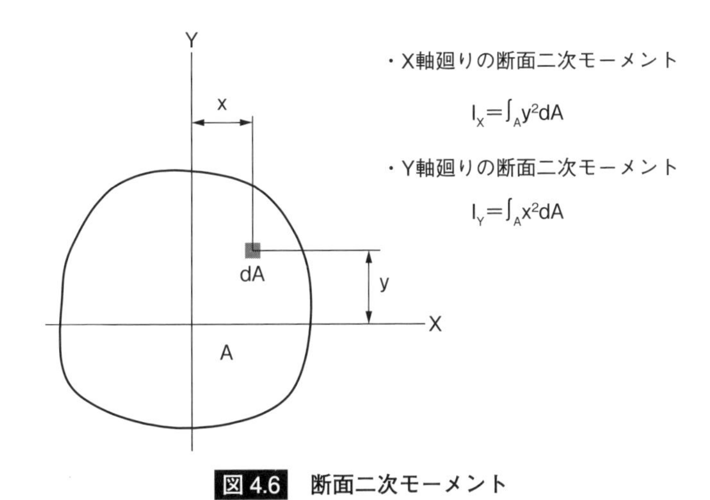

図 4.6　断面二次モーメント

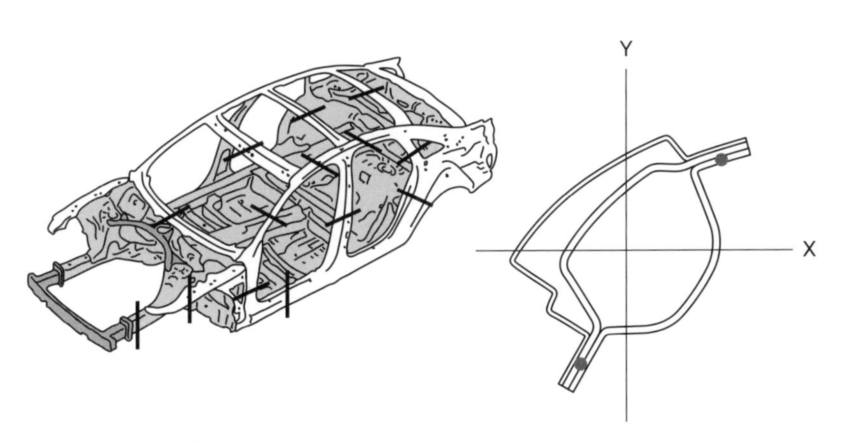

図 4.7　ボディ主要骨格フレームの断面性能を計算する

いないことに注意しなければならない。

したがって、板厚を薄くしたままサイズを大きくし過ぎると、力学的な特性が低下することもある（例えば座屈しやすくなるなど）。また、断面二次モーメントの数値だけに注目するのではなく、例え数値が低下しても反対に力学的な特性が高くなるケースもあるので、むやみに断面のサイズを大きくすることなく、薄肉化することも可能である。また、縦・横比も重要で、走行中の路面から複雑な荷重を受ける骨格フレームは、曲げと捩りの力が複合され、力の受ける方向（ベクトル）も複雑であることから、バランスの良い断面形状をつくることが重要である（**図 4.7**）。

また、実際のボディを見ると、一定断面のストレートフレームはほとんど無く、多くは複雑な断面に変化をしながら曲がり、あるいは斜めに配置されている。断面性能を検討する場合は、全体座標系ではなく、対象とするフレーム軸の鉛直面で切断した局所座標系の断面で検討する。したがって、全体座標系との関係を常に意識して、実際に起きうる変形をイメージしながら断面性能を求めていかないと、最後に誤った判断をすることになる（**図 4.8**）。

実際にどこまで断面性能を確保していけば良いのか迷うことがあるが、基本は従来モデルあるいは似ている車種と同等になるように設定することになる。そして、必要な強度や剛性を確保すること以外に、衝突に大きく寄与する部材であれば車両全体のエネルギー吸収量、変形量、発生する減速度（G）、座屈モードなどもできるだけ具体的なイメージをつくりながら決めていくことが重要になる。

断面性能はあくまでも弾性域における性能で、断面の形が当初と殆ど変わらないという前提にあるので、塑性域の変形や座屈にいたるような場合は「形状が崩れる」ことにより、当初の性能が保持できないことになる。

断面を決める手順は、先ず図形上の断面性能を従来モデル同等あるいはそれ以上に設定し、次に衝突などを加味した総合評価から過不足分を修正する作業を繰り返し、断面の形状と薄肉化の最適解を求めていく事になる。

したがって、一般的に熱硬化性 CFRP よりも強度、剛性が低下する傾向の熱可塑性CFRPであっても断面性能を高める方案を活用することにより、目的とする部材性能を確保することは可能である（**図4.9**）。

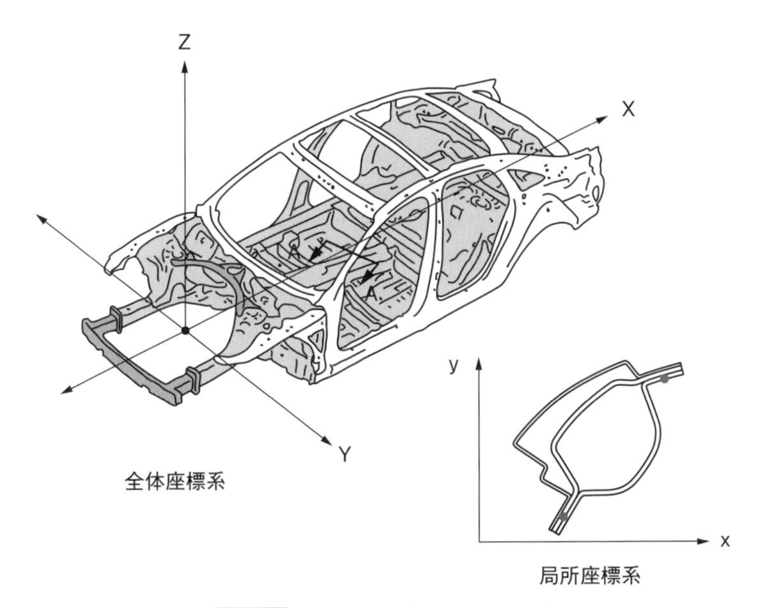

図4.8　全体座標系と局所座標系

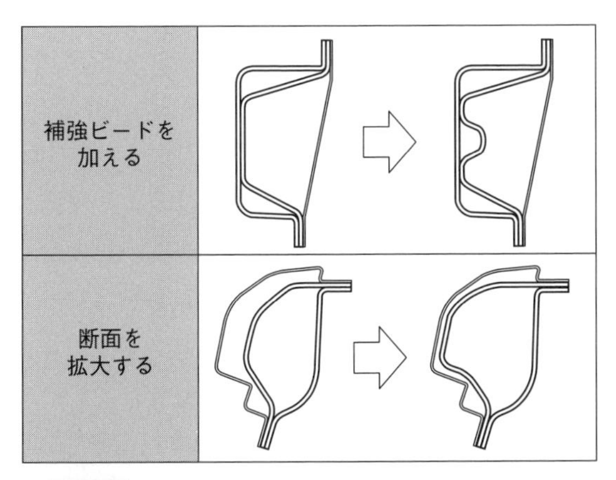

図4.9　熱可塑性CFRPの剛性を高める方法例

4-3 成形加工法の選び方

CFRPの成形加工は、母材（マトリクス）を熱硬化性にするか熱可塑性にするかで分かれる。

自動車のボディ部品において、熱硬化性CFRPでは、カットされたプリプレグシートをドライヤーなどで温めながら手で型に張り込んだものをオートクレーブという大型の釜の中に入れ、高温・高圧で成形するオートクレーブ成形法と、あらかじめプリフォームされた炭素繊維シートを金型の投入し、型内から熱硬化性樹脂を注入・含浸して加熱硬化させるRTM（Resin Transfer Molding）成形法が現在では主に使われている。一方の熱可塑性CFRPの実績はまだ少ないが、現在最も開発が進められている方法が、シートと金型を加熱して成形するプレス成形法である。生産コストに大きく影響を与える成形時間は、オートクレーブで約4時間、最近開発が進められているハイサイクルRTMは約10分、開発中のプレス成形では約1分となっている。

成形加工法の選択に当たっては、熱硬化性と熱可塑性の特徴（**表4.1**）を考慮しながら、商品に求められる要求特性、コスト、生産効率さらにはエクステリアデザインや部品設計の自由度などを含めて、全体のバランスを考えながらどこに優先順位を置くのかで選択していくことになる。

次に、トヨタレクサスLFAの例で考えてみることにする（**図4.10**）。

フロントピラーを除くボディの骨格部品はオートクレーブ成形法で、フロア、ルーフ、フードはRTM成形法、そして、フロントピラーとサイドルーフレールを一体化した部品は、ブレイダーという大型の編み機により、心材となるマンドレルに炭素繊維の糸を連続して三つ編み状に編み込んだ後、熱硬化性樹脂を含浸させたものを加熱、硬化させるRTM成形法を採用している。フロアは10分割されたプリフォーム部品と面剛性を高めるための発砲コア材をRTM段階で一体成形している。

レクサスLFAは、25か月間で500台の限定生産車という極めて量の少ない生産車であり、今後の多量生産車採用に向けては、熱可塑性CFRPも含めて、より生産性の高い成形加工技術の開発が期待される。

表4.1　成形加工法による優位性の比較

項目＼成形加工法	オートクレーブ	RTM	プレス
熱硬化性CFRP	○	○	◌
熱可塑性CFRP			○
少量生産向き			
多量生産向き	成形時間　数時間	成形時間10分（高速RTM）	成形時間1分（開発中）
生産コスト			高い生産性に期待
（板の）剛性			断面性能の工夫で対応
部分的な補強方法	必要強度までシートを積層		別部品で補強
接着剤の接着力	鋼板接合に比較して接着面積の拡大が必要		今後の開発に期待
構造設計ノウハウ	モノコック構造の構造設計		今後の開発に期待
部品の一体化			
成形加工設備	新規投資が必要		既存設備活用も可能
リサイクル性			

特徴又は強み

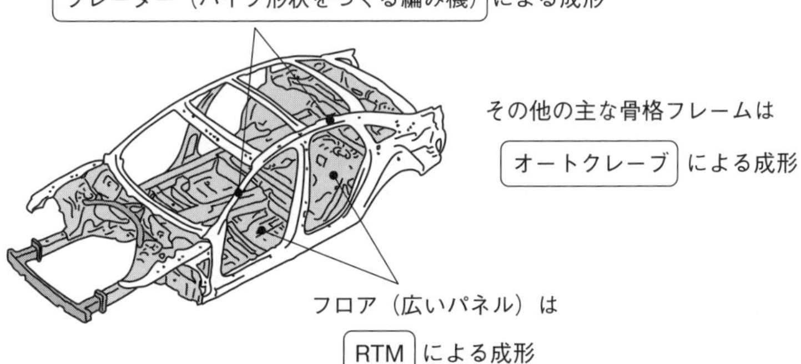

図4.10　レクサスLFAにみるCFRP部品の成形加工

4-4 軽量化設計目標の考え方

今まで生産された乗用車のボディは、材料の種類によって以下の3種類に分けることができる（**図 4.11**）。

・オールスチールボディ（ほとんどの自動車が採用している）

・オールアルミボディ（アウディA8、初代 NS-X など）

・CFRP ボディ（トヨタレクサス LFA、BMWi3 など）

このうち、CFRP ボディは、すでに説明したようにレクサス LFA および BMWi3 では、ボディの一部にアルミなどの金属類が 20〜40 %併用されている。現在の CFRP 技術では、すべてを CFRP でつくったとしても、ボディに求められる要求特性を満足させることが難しいからである。

したがって、CFRP による自動車ボディの軽量化設計では、目標の考え方として、

1）スチールボディまたはアルミボディの一部を CFRP に置き換える

2）アルミに依存している領域を CFRP に置き換える材料と設計技術の開発

3）CFRP でつくられているボディ構造のさらなる見直し、または新しい骨格構造の開発

などを挙げることができる。

4-5 製品のどこを CFRP にしていくのか

上記の 1）スチールボディ、アルミボディの一部を CFRP に置き換える、について考えていくことにする。

ホワイトボディを、**図 4.12** のように A、B2 つのグループに分けることができる。

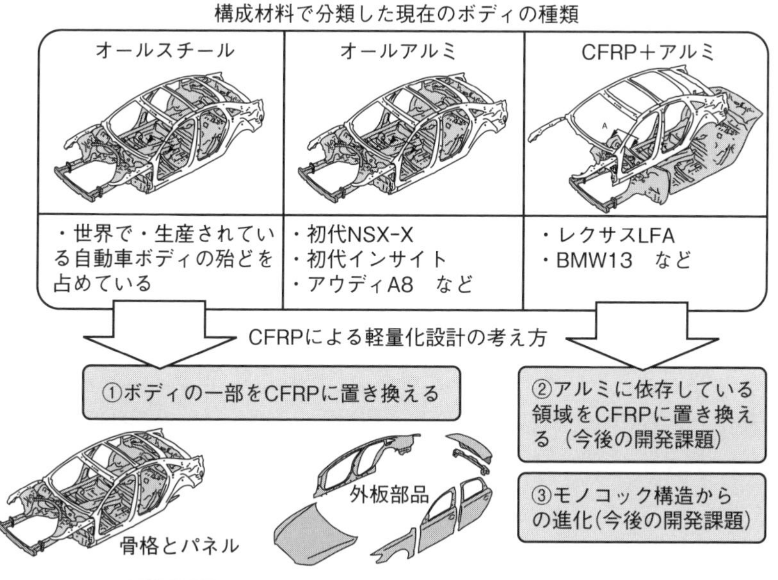

図 4.11　CFRP によるボディ軽量化設計の考え方

	分類	主な役割	ボディ部品例
A	骨格とパネル	・強度 ・剛性 ・衝突安全性 ・NVH ・防錆	・ピラー ・フレーム ・フロアーパネル　など
B	外板部品	・乗員、機器類、積載物などを安全に収納、搭載する ・エクステリアデザインを表現する	・フード ・フェンダー ・ドア ・トランク、バックドア　など

図 4.12　ホワイトボディを２つのグループに分類

Aグループは、ボディの骨格本体を構成する部品群で、例えばフレーム、ピラー、フロアーパネルなどが含まれ、車体の強度、剛性、NVH、衝突安全性などの重要な機能を受け持っている。Bグループは、骨格本体にボルトとナットで組み付ける部品群で、フード、フェンダー、ドア、トランクまたはバックドアが含まれる。

一般的にAグループに属する骨格部品は、基本的に同じ種類の材料となるが、CFRPを採用する場合はどうなるのであろうか。

前述のように、現在のCFRP技術では、すべてをCFRPでつくったとしても、ボディに求められる要求特性を満足させることは現状の技術では難しいので、レクサスLFAやBMWi3のように強度、剛性をスチールボディ並みに高めるアルミなど金属のフレームを併用するようになる。

図4.13に示すように、BMWi3（ライフモジュール）の材料使用比率は、CFRPと樹脂で59.9％、アルミとスチールで26.5％になっており、さらにアルミ製のシャシーフレーム（ドライブモジュール）はボディの一部を兼ねているので、CFRPの比率は更に低くなる。同じくボディにCFRPを採用したレクサスLFAの材料使用比率は、CFRP55％、アルミ40％となっている。両車のボディ重量は、BMWi3が223 kg＋α、レクサスLFAが229 kg、になっている。ちなみに、アウディA8のオールアルミボディは300 kgである。

それでは、現在のCFRPボディ重量が230 kg前後であるのに対して、さらにボディ重量を200 kgに近づけるにはどうすれば良いであろうか。重要なテーマは、前述の「4-4 2）アルミに依存している領域をCFRPに置き換える材料と設計技術を開発」していくことであろう。

そのためには、

1．サスペンション取付け部の強度、剛性、耐久性（各車両要件）
2．衝突時におけるフロントとリヤボディのエネルギー吸収特性とピークの加速度（各車両要件）
3．曲げ弾性率、圧縮耐荷重の高い材料開発
4．層間剥離から破壊に至るまでのメカニズムと検知、評価する技術

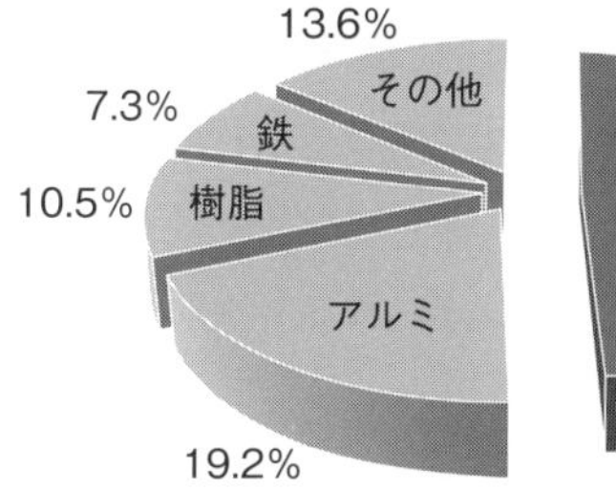

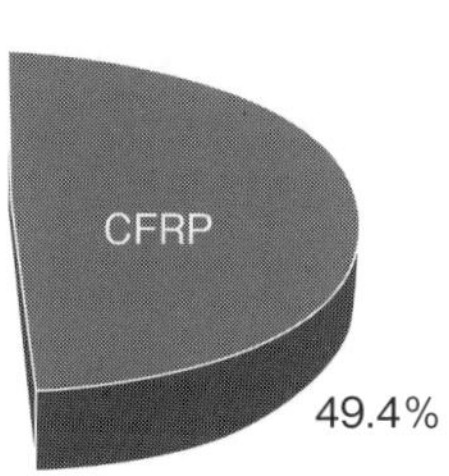

ボディ重量　223 kg
（ドア、フード、フェンダー、バックドアを除く）

図 4.13　**BMWi3 ホワイトボディの材料構成比率**

表 4.2　**さらなる軽量化に向けて CFRP の主な技術課題**

主な技術課題
1. サスペンション取付け部の強度、剛性、耐久性
2. 衝突時におけるフロントとリヤボディのエネルギー吸収特性
3. 曲げ弾性率、圧縮耐荷重の高い材料開発
4. 層間剥離から破壊に至るまでの検知、評価技術

などの技術課題について今後開発をしていく必要がある（**表 4.2**）。

Bグループは、ボディ本体に組み付ける部品であるので、スチール、アルミ、樹脂、CFRPなどの材料が比較的自由に選択できる。

Bグループの部品をCFRPで製作して軽量化をおこなった例を紹介する。

電気自動車開発ベンチャー企業の(株)SIM-Driveが2013年に開発したスポーティカーSIM-CEL（**表 4.3**）で、フード、フェンダー、ドア（外板&内板）、テールゲートをすべて熱硬化性CFRPのオートクレーブ加工法で製作した。スチール製に比較して合計45 kg軽量化されている。

自動車のボディは、以上の考え方（表4.2）とは別に、**表 4.4**のように分けることもできるので、もう少し詳しい説明を加えながら続けていくことにする。

デザイン外板は、自動車の外観を忠実に表現しなければならない部品でもあるので、完成車塗装後の表面精度には高い品質が求められる。また、広い曲面の面剛性も一定のレベルが必要で、例えば、ワックス掛けをしたときに、簡単にベコが生じてはならない、というような自動車メーカーが独自に設定している商品性要件が存在する。これは、平面に近い面の大きさと複雑な曲率面にも依存するので、デザインをする際には面剛性をどこまで考慮していくかを設計と協議していく事も重要である。さらに、車体の側面下部は、前輪から飛ばされる小石などにより、塗膜が剥がれるような傷を付けられる恐れがあるので、CFRPを採用する場合は、材料の機械的特性、塗装処理、補修方法、チッピング傷付き防止対策などを考慮する必要がある。

以上、外板に求められる様々な要件を考慮すると、面精度と剛性の高い熱硬化性CFRPの方が扱いやすい面もあるが、今後は、より生産性の高い熱可塑性CFRPを使ったプレス成形品の開発も期待される。また、モノコック構造の場合、フードやドアなどの組み付け部品は部品単体で完結するが、ルーフとアウターパネルは骨格フレームと溶接で結合されているので、骨格部品とは接着剤等で接合する方法（**図 4.14**）がある。

骨格フレームは、ボディ剛性や衝突安全性に大きく影響を与えるので、各部品に求められる要求特性を満足させなければならない。

表4.3　Bグループ＋④サイドパネルにCFRPを採用した例
（（株）SIM-Driveが開発した電気自動車SIM-CEL＝2013年3月発表）

単位：kg

		CFRP製（シムドライブ社SIM-CEL）	スチール製（計算値）	差（軽量化効果）
	①ルーフ ②アウターパネル	17	51	−34
Aグループ	③バックドア	6	16	−10
Aグループ	④ドア（2枚）	12	40	−28
Aグループ	⑤フード	3	6	−3
Aグループ	⑥フェンダー	2	6	−4
	（Aグループ計）			−45kg
	合　計	40	119	−79

表4.4　Aグループ（骨格本体）を更に分けた例

分　類	主な部品	部品に求められる機能と特徴
デザイン外板	組付け部品 　フード、フェンダー 　ドア、トランク、 　ゲート 内板に結合している部品 　ルーフ 　アウターパネル	・塗装後の表面品質・面剛性 ・耐チッピング性 ・車体剛性、衝突時のエネルギー吸収性は寄与度が低い。
骨格フレーム	サイドフレーム ピラー類 サイドシル フロアーフレーム類	・車体の全体剛性、局所剛性 ・強度（単発、繰り返し） ・衝突時のエネルギー吸収性
内板パネル	フロア、インナーパネル ダッシュボード	・面剛性、遮音

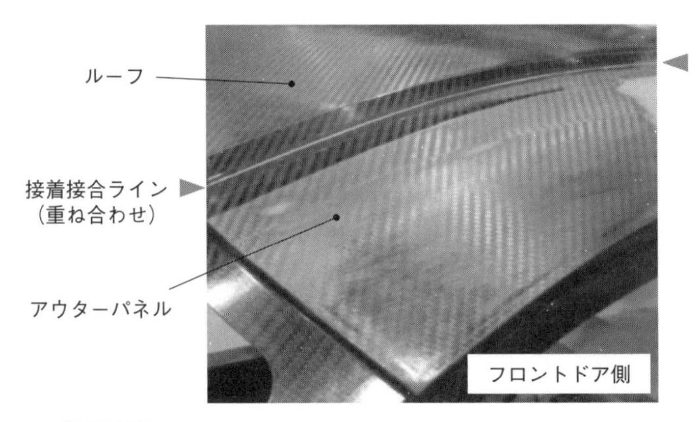

図 4.14 ルーフとアウターパネルを接着剤で接合した例
（(株)SIM-Drive が開発した電気自動車 SIM-CEL＝2013 年 3 月発表）

フレームの断面を設定する際は、単に幾何学的な断面性能（断面二次モーメントなど）だけに注目することなく、実際の変形モードを想定しながら最も効率の良い断面を導き出すことを心掛けるようにしたい。また、フレーム同士を連結する結合部の構造設計にも細心の注意が必要である。

衝突安全性については、衝撃的な曲げ変形に対する強度特性もしくは軸方向の圧縮変形で発生するエネルギー吸収特性もシミュレーションをしながら、材料グレード、板厚、断面形状などを決定していく事になる。

内板のパネルは、走行中の膜面振動が室内のこもり音やドラミングなど商品性を悪化させる要因にもつながるので、板厚を厚くして重量を増やすことなく、効果的に面剛性を上げることができるビード形状を加えるなど、設計上の工夫も入れるようにしたい。フロアなどかなり広い面積になるケースでは数本のフレームが配置され、板場だけの面積を小さくするようにするが、それでも広い面積が残ってしまうような場合には、できるだけ曲率を付けるようにすると効果的である。

CFRP の骨格フレームは、スチールに比べて剛性の低下が懸念されるので、特に熱可塑性 CFRP を採用する場合は、曲げ弾性率の高い材料を優先し、かつ断面サイズを大きくするか断面形状または構造そのものを変えていくことが必要である。また、自動車のボディは、構造的にはラーメン構造になるので、部材同士の結合効率を少なくともスチール骨格と同等以上になるような構造設計することが重要である。

《コーヒー・ブレイク》

車の開発には、必ず何かのドラマが残る。

初代オデッセイ（＝ホンダ・1994年発売）の開発が始まろうとしていた時のことである。

開発チームから、三列目のシートをたたんだ時、フロアに完全に収納できるようにしたい、という強い要望があった。その時筆者は、設計の承認サインをする立場の業務をしていたので、すかさず「シート収納のために後面衝突で最も重要なフレームが湾曲し、乗員を保護することができない。こんな無茶な開発は認められない。承認サインをしないから考え直せ！」と結構大きな声を上げて反対をした。

案の定、その日の夜遅く開発責任者のO氏が私のいる設計室にやって来た。

顔を真っ赤にしていると思いきや、照明が蛍光灯で、しかもそれほど明るくなかったこともあって、意外にも冷静で落ち着いて話しかけてきた。

O氏『…食堂で話をしましょう』

先ほどまで残業食で賑わっていた広い食堂はひっそりとして、二人だけになっていた。

筆者「こんな無茶な開発は止めて欲しい！」

O氏『私はこれから日本で本格的なミニバンの時代がやってくると信じている。このオデッセイはその先駆けにしたい。その大きな商品魅力が三列目シートの床下完全収納です。私もこれは譲れない！』

照明が半分消えた薄暗い食堂のテーブルを挟んで、しばらく沈黙が続いたが、このときO氏の瞳の中に、新しい時代をつくる技術者の魂みたいなものを見ることができた。

「わかった。何とかしよう。」

結果はいうまでもなく、衝突テストOKだった。

二人の会話が無かったら、もしかしてオデッセイという車は先駆車にはなりえなかったかもしれない。

4-6 部分の場合は、他の部分とどのように接合していくのか

CFRPの接合方法には、接着、機械的接合、融着（溶着）がある。一方、部品同士を接合するという問題に対しては、単に技術的な面だけではなく、その商品の最終的な姿をどうしていくのかという設計思想を最初の段階で反映させていくことが大切である。自動車は、最後は解体され、再生できる材料と廃棄される材料を仕分けることになる。解体と分離が容易で、再生できる材料を多く回収することは当然大切なことであり、特に高いコストでつくるCFRPであればなおのこと重要である。

したがって、同種の材料同士は特に問題無いが、異種材料同士（熱硬化性と熱可塑性は異種とする）を接合するような場合には、分離しにくい接着やリベットなどの接合方法はできるかぎり避け、ボルト／ナットなど比較的分離しやすい接合にしていくことが望ましい（**図4.15**）。

そもそも自動車ボディの接合点数は、一体どのくらいあるのだろうか。

一般的なスチールモノコック構造では、合計4,000点を超える。しかもほとんどが、抵抗溶接機（スポット溶接機）による結合で、2〜3枚重ねられた鋼板の間に銅製の丸棒電極（上下2本：先端は直径約6 mm）で挟み、数百キログラムの荷重を掛けながら、数千アンペアの大電流を流すことにより発生するジュール熱で溶着させる。1台分すべてを同時に接合するのではなく、あらかじめ小分けした部品単位で接合した後、さらに数工程を経ながら、最終的に1台分のホワイトボディ全体を組み上げていく。

CFRPボディの場合、これと同数の機械的接合や融着をするとなると作業工数とコストがかなり増えるので、今まで市販された車の例では、接着剤による接合を主体に、補助的にファスナーやボルト締めなどの機械的接合を併用させることが多い。

ボディのCFRP部品は、熱硬化性CFRPの場合には母材（マトリクス）に

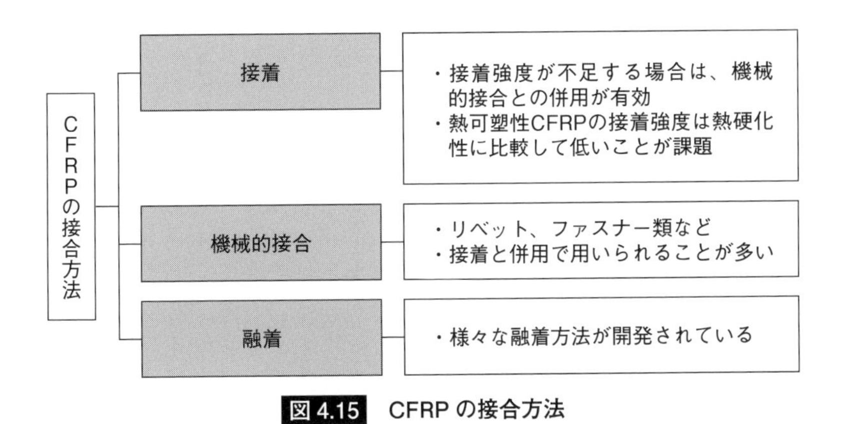

図 4.15　CFRP の接合方法

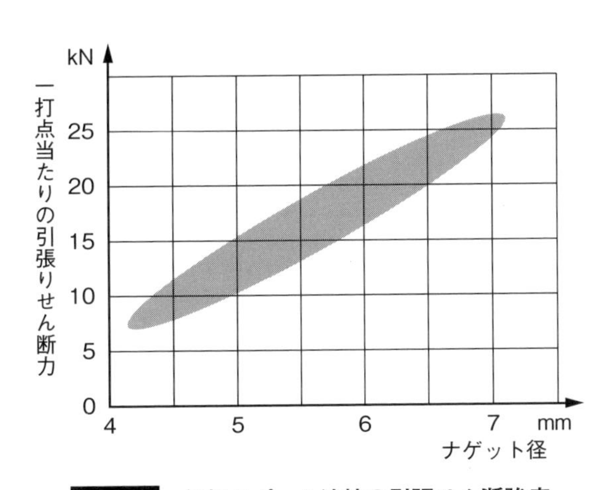

図 4.16　鋼板スポット溶接の引張せん断強度

エポキシ樹脂を使用することが多いので、同材料同士の接合はエポキシ系の接着剤を用いれば高い接着強度が得られる。しかし、熱可塑性CFRPの場合は、相手材料が金属であっても既存の接着剤では十分な接着力を得ることは難しい。したがって、スポット溶接と同等の接合強度を得るためには、接着面積を広げるなどの工夫が必要になる。ただし、その場合でも上述したように、補助的にファスナーなどの機械的接合を併用することが望ましい。スポット溶接の強度については、鋼板のグレード、板厚の組み合わせ、電流、加圧力、加圧時間などの条件にもよる。**図4.16**に普通鋼板におけるスポット打点のナゲット径と引張せん断強度の関係を表した例を示したので、接着強度を検討する際の参考にしていただきたい。ナゲット径を5〜6 mmとした場合は15 KNを超えるが、疲労限度（10^7回）まで含めると一般的に強度は低下していくので、実際には安全率を高めて設計をおこなっている（自動車の開発では、車両に激しい振動を与えるショック耐久試験や実際の悪路を走行する悪路耐久試験など実車で確認をおこなっている）。

CFRPでは、接合特性（強度、高温強度、低温靱性、耐衝撃性、疲労強度、耐久性、耐候性、耐食性など）においては、研究開発中のものも含めて十分な知見が揃っていないところもあり、設計する際にはCFRPに特化した検討が必要である（**図4.17**）。

接着面積を拡げて強度を上げる手法は、BMWi3にも見られる。

図4.18は、リヤホイールハウスとリヤフロアの接合部（左写真）とAピラー下部のフランジ接合部（右写真）を示している。鋼板スポット溶接のフランジ幅は15 mm前後であるのに対して、BMWi3ではその2倍近い接合フランジ幅をつくって接着強度を確保している。

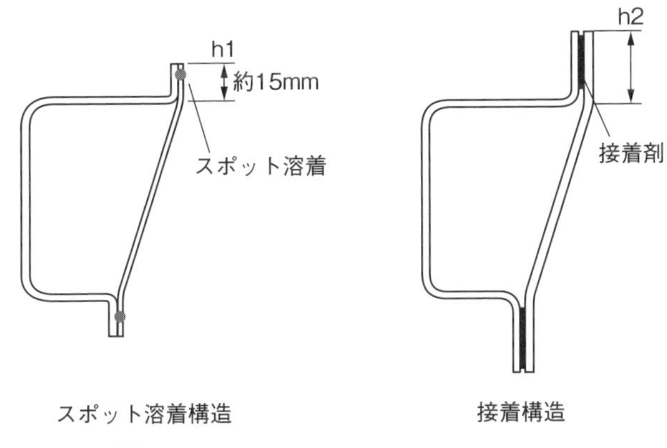

図 4.17　鋼板スポット溶接構造と CFRP 接着構造

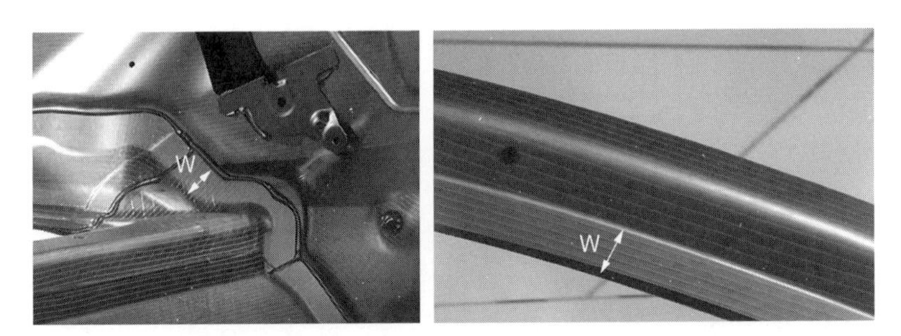

鋼板スポットフランジ幅（約15 mm）より広く取ってある

図 4.18　BMWi3 ボディの接着用フランジ幅

4-7 どういう場合に構造変更まで検討していくのか

自動車ボディのほとんどは、外力によって発生する応力を、接合されているすべての鋼板で分担するモノコック構造になっている。これは、材質がスチールでも、アルミでも、そしてCFRPでも同じである。入力点に近いところは応力が高くなるが、設計上想定する荷重によって生ずる応力が材料の降伏点を超えないように、板厚や材料強度の設定をする。板厚を増やせば応力は小さくなるが一方では重量が増えるので、スチールの場合は引張強度の高いハイテン材を使用することもある。

デザイン外板がスチール製の場合、板厚は通常0.8 mm前後で、骨格フレームの1.0～2.0 mm程度の板厚に対して薄目にしている。これは、大きな面積を持つルーフやアウターパネルの板厚を厚くして応力の負担を増やすより、閉断面である骨格フレームの断面性能を高くさせた方が効率良く、軽くできるからである。骨格フレームの場合は、断面性能を高くすることが単純に板厚を増やすよりも有効である場合があることを前にも述べた。断面性能を大きくするためには、断面そのもののサイズを大きくするか、形状を工夫することなどが考えられるが、様々な制約から難しい場合は、思い切って構造そのものを変更することも必要がある。

CFRPも同じ考え方になり、特に母材（マトリクス）に熱可塑性樹脂を使う場合は、曲げ弾性率の高い材料でもスチール（210 GPa）の1/5～1/4程度であるため、部品によっては肉厚を厚くしてもスチールと同等の断面性能を確保することが難しいケースが出てくる。その場合は、スチールと同じように構造そのものを変更することも重要である。

CFRPボディは、熱硬化性CFRPを使ったオートクレーブ成形やRTM成形の部材を接合するモノコック構造が多く見られるが、前述の様に、ピラーやフレームにチューブ成形材を使った構造の事例もある（トヨタレクサスLFAの

Ａピラー）。

この構造の特徴は、モノコック構造のように２つの部品を接着剤で張り合わせてつくる閉断面ではなく、単一のチューブ閉断面なので、高い部材剛性を得ることができることである（**図 4.19**）。Ａピラーから後方のリヤピラーまでを一体で造ることができれば、より高い強度と剛性を持つドア開口部を得ることにもなる。

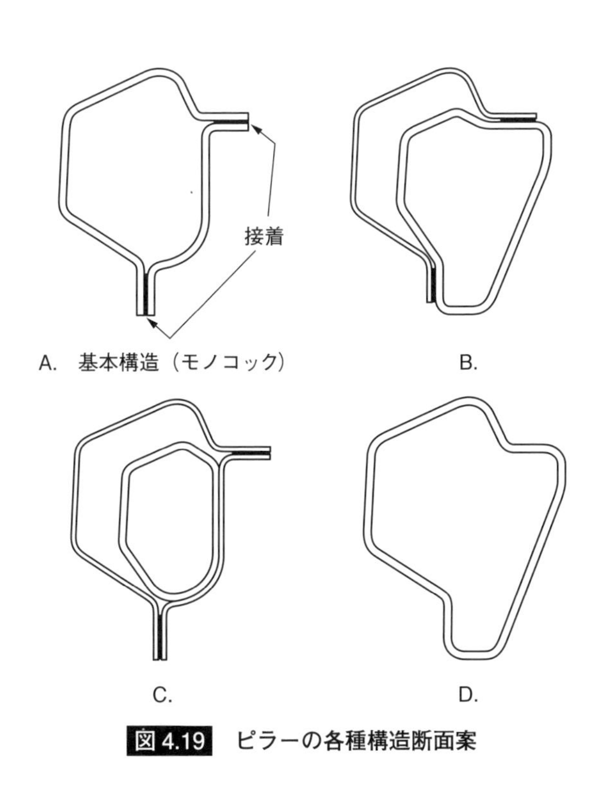

図 4.19　ピラーの各種構造断面案

4-8 熱硬化性と熱可塑性の選択の仕方

熱硬化性と熱可塑性のどちらを選択すべきかについては商品に求められる要求特性から判断していく事になるが、リサイクル性という重要課題に対しては、多くのケースで後回しになりがちになる。取り敢えず世の中に出してみようという考え方ではなく、設計段階から優先順位を上げて検討を進めていくことが大切である。さらに、熱硬化性CFRPと熱可塑性CFRP両者の長所、短所を単に比較するだけではなく、廃車後のリサイクル性も重要な選択基準に加えていかなければならない。

表4.5に選択する際に検討する主な項目を示した。

加熱硬化後の可逆性有無は、リサイクル性を検討する上で重要である。熱硬化性CFRPは再び加熱しても元に戻すことができないため、材料を再利用することに関しては、熱可塑性CFRPに比べると劣ることになる。

成形加工法は、前述したように、現状では熱硬化性CFRPはプリプレグを使ったオートクレーブもしくは高速RTMが主流となっている。また、熱可塑性CFRPではあらかじめ加熱したシート材（すでに高分子化されている）を上下の金型で成形するプレス工法の開発が重点的に進められている。したがって生産量の多い自動車のボディでは、加工速度が速い熱可塑性CFRPに大きな期待が集まっている。

成形設備では、熱硬化性CFRP用のオートクレーブを導入することは大きな投資が必要になるので、部品を供給するサプライヤーが自ら生産することは非常に難しい。一方、自動車ボディ部品のような大型サイズを成形できるオートクレーブを所有している加工メーカーも今のところ少なく、今後、全体の生産量が増加して、設備を所有する成形加工メーカーに集中するようなことになれば、安定した納期を確保することも課題になる。

機械的特性は、一般的に熱可塑性は熱硬化性に比較して低い。ボディは、走行中の不規則な繰り返し荷重や縁石乗り上げなど単発の大荷重を受けても、材料の降伏点を超えないように、また、万一の衝突事故でも、乗員の安全が守られるようにキャビンの変形をできるだけ少なくする構造設計が求められることから、熱可塑性に限らず、CFRP の設計はこの事に十分配慮する必要がある。

表 4.5　熱硬化性 CFRP と熱可塑性 CFRP の特徴

項目	熱硬化性 CFRP	熱可塑性 CFRP
硬化後の再成形	不可	可能 （加熱すると軟化する）
主な成形加工法	オートクレーブ RTM	プレス（温間） インジェクション
成形速度	遅い ・オートクレーブ　４時間 ・高速 RTM　　10 分	早い ・プレス成形など加工法によっては１分
母材（マトリクス）の種類	少ない	多い
成形設備	投資大（オートクレーブ等）	投資少（プレス機等） 手持ちのプレス機を改造して使用することも可能性有り
中間基材の保管	冷凍庫（－20 ℃）保管が必要 （加工直前まで保管）	常温保管が可能
機械的特性	引張強度が高い 靭性がやや低い	引張強度がやや低い 靭性が高い
接合	接着、機械的接合	熱融着が可能、機械的接合
層間剥離の有無	有り（エポキシ系など）	無し（PP など） →エネルギー吸収性が良い
材料費、製造コスト	熱可塑に比較して一般的に高い	熱硬化に比較して一般的に安い
リサイクル性	再利用が難しい	再利用は比較的容易

4-9 軽量化とコストのバランス

自動車ボディの場合、スチールからスチールへ、アルミからアルミへというケースでは軽量化とコストのバランスが判りやすいし、コストダウンにつながることもあるので、積極的に軽量化を進めてきている。ところが、スチールからアルミもしくはCFRPともなると。一体どのように考えていけば良いのであろうか（**図4.20**）。

1990年に発売されたホンダの初代NS-Xはオールアルミボディで登場した。スーパーカー並みの運動性能を発揮した高いポテンシャルとあわせ、当時としてはボディをすべてアルミ化したことにも注目が集まった。量産車世界初のオールアルミボディ。これは徹底した軽量化を追求した本田技術研究所のこだわりの産物である。NS-Xはこのボディがなければコンセプトを具現化することはできなかった、といわれている。ボディ重量は、従来のスチール製ボディに比べて140 kg軽い210 kgで造られている。実に40 %も軽量化されたことになる。コストは高くなったが、そのパフォーマンスとポテンシャルの高さに世界は驚かされたのである。ホンダは初めてのアルミボディを生産するために、開発拠点となった本田技術研究所の隣接敷地に工場を建設し、そこにアルミを接合できる専用の溶接機を海外から導入したのである。軽量化とコストのバランスだけを考えれば、恐らく実現しなかったであろう「量産車世界初のオールアルミボディ」は、四半世紀が過ぎた現在もその価値を忘れさせないでいる。

BMWi3は、自動車ボディで本格的にCFRPを採用した初めての多量生産車として、世界の強い関心を集めた。炭素繊維から成形用シートに至るまでグローバルに材料を調達し、専用の工場で生産を続けている。販売価格も、従来のCFRP採用車に比較して驚くほど低価格に設定されている。

自動車をフルモデルチェンジするとき、衝突安全基準の変化対応、車体剛性や走り性能など商品性の向上を目的として、実に様々な仕様変更を取り込む作

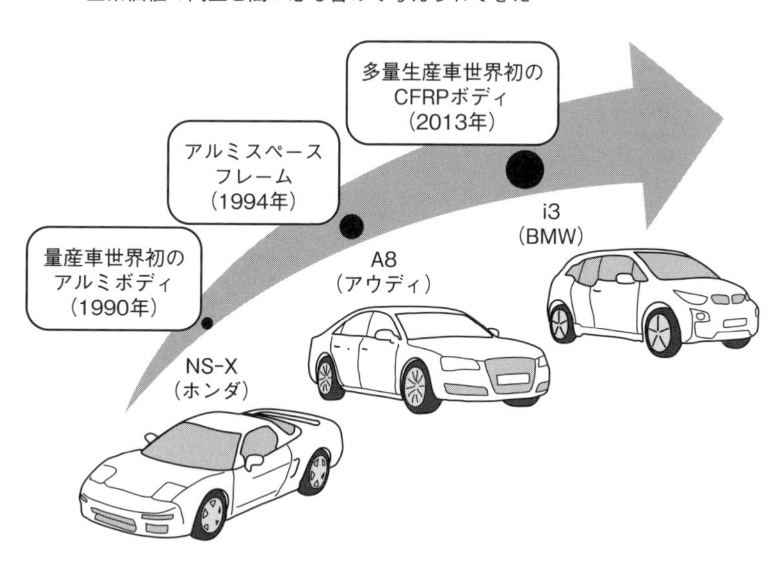

図 4.20　軽量化／コストと企業価値の考え方の例

業をおこなっていく。したがってそのままでは車両全体の重量が増えることになるので、企画段階から軽量化の目標をかなり厳格に定めて開発を進めることになる。しかし、商品性の向上と合わせて、仮に数%の軽量化を達成したとしても、そのパフォーマンスを一般のドライバーが体感することは容易ではない。ところが、オールアルミボディにより、100 kgも軽くなったらどうなるのか。さらに、CFRPボディにより200 kg軽くなったらどのような世界に変わるのか。今まで、スチールボディだけで体感してきた走ることの快適さが、全く異次元の走る快適さを体感できることになりそうである。

初代NS-Xは、オールアルミボディを選択し、世界のスポーツカーの歴史を変えた。BMWi3は、CFRPを多量生産車に採用することを選択した。どちらも、軽量化とコストバランスだけではない、自動車メーカーとしての高い志を実現することに大きな価値を求めたのではないだろうか。

ボディに使用される材料の機械的性質とコストを**表4.6**に示した。

部品の製造原価は、材料費と加工費を加えたものになるので、表に示す材料費（単価×重量÷歩留率）と加工コストを加えると、スチールでは1 kg当たりおよそ350円前後になる。これに対しCFRPは、同じく1 kg当たり数千円から1万円近くになるといわれている（**図4.21**）。自動車メーカーとしても「ここまでしなくとも、スチールで何とかやり切れないか」となって、そこから先へ進まないケースが多い。それでは、軽量化とコストのバランスをどのように考えていくべきであろうか。

製品（部品）重量を1 kg軽量化するために、コストアップがどの位までなら認められるのか、という質問がよくあるが、この「どの位」という言葉を数字で表すことは大変難しい。軽くすることによって、どの位の付加価値を生むのか、それをユーザーはいくらなら購入してくれるのか、ということがある程度明確にしなければならないからである。

ガソリン仕様車とハイブリッド仕様車の価格差が、販売価格でおよそ30万～40万円ほどであるので、購入を検討しているユーザーからすれば、ガソリン代節約とのバランスで比較的判断しやすい。ところがCFRPをボディに採用すると遙かに高価になる車に対してどのような付加価値を訴求していくことができるのか、CFRPのコストバランスは、軽量化だけでは説明することが難しくなっていることは確かである。

表 4.6　ボディに使用される材料の機械的性質とコスト

分類	密度 ρ (g/cm³)	弾性率 E (Gpa)	引張強度 σ (Mpa)	材料単価推定 (円)
普通鋼板	7.8	210	240	85
ハイテン	7.8	210	590～1,500	100
アルミ	2.7	70	290	300
CFRP	1.5	60 ～ 140	1000 ～ 2500	3,000 ～ 4,000

スチールモノコック構造	CFRPモノコック構造
 350円前後/kg	 数千円～/kg

図 4.21　スチールボディとCFRPボディの比較

4-10 CFRP 軽量化の優位性をどのように評価するか

今まで述べてきたように、自動車ボディの構造は使用する材料によって分けられる。アウディに代表されるスペースフレーム構造は、アルミ合金ビレットの押出し加工によって造られた同一断面形状のチューブを組み合わせたもので、高い車体剛性を得ることができる。したがって、この高い剛性とスチールに対してマイナス 70～100 kg の軽さを併せ持つ車体は、スチールでは味わえない高い次元のパフォーマンスを実現している。

また、大幅な軽量化は運動性能だけではなく、さまざまな効果を生み出すこともできる。

以下に、軽量化で得られる主な効果を挙げる。

1）CO_2 排出量の低減

第 1 章の 1-2 節地球温暖化と自動車で述べたように、自動車の重量が軽くなれば確実に CO_2 が低減される。

1 km 走行当たりの CO_2 排出量は、現在のガソリンエンジン車ではおおよそ下記の式から算出するとができる。

$$Y = 0.18W - 50$$

Y：1 km 走行当たりの CO2 排出量（g/km）

W：車両重量（kg）

今仮に車両重量 1,350 kg の自動車が 1,100 kg まで軽量化（ボディ －200 kg、その他 －50 kg）できたとすると、CO_2 の排出量は 1 キロメートル走行当たり 45 グラム減らすことができる。年間 1 万キロメートル走行する車であれば、およそ 450 kg にもなる。

年間 8 千万台近く販売されている新車の何割かがこのような大幅な軽量化技

術を投入できれば、急速に進んでいる地球温暖化を防止する大きな効果をもたらすことができることになる。

2）燃料消費の向上

自動車の重量が燃費性能に大きく影響を与える因子には、加速抵抗ところがり抵抗がある。

加速抵抗は以下で表すことができる。

$R=(W_T+W_R)\times\alpha/g$

R　：加速抵抗（KN）

W_T：車両総重量（KN）

W_R：回転部分相当重量（KN　乗用車は　0.08×車両重量）

α　：加速度（m/s^2）

g　：重力加速度（$9.8\,m/s^2$）

次に、ころがり抵抗は以下で表すことができる。

$R_r=\mu\times W_T$

R_r　：ころがり抵抗（KN）

μ　：ころがり抵抗係数（一般的な舗装路で 0.01～0.02）

W_T：車両総重量（KN）

例えば、乗員を含めた車両総重量 1.5 トンの車が、一般的に体感する 0.1 g で加速するときの加速抵抗と走行中のころがり抵抗を合わせると約 1.6 KN となり、発進から停車までの間で意外と大きな抵抗が生じていることになる。加速抵抗ところがり抵抗は、車両重量に比例することから、重量の軽い車ほど燃料消費量は少なくできる。

3）衝突安全性の向上

走行している車両の衝突前の運動エネルギーE は次式で表される。

$$E=1/2\,MV^2$$

M：車両総質量

V：衝突直前の車両速度

上式から、衝突する直前の運動エネルギーは、車両の重さに比例し、その運動エネルギーは、車体の変形や音、熱などのエネルギーに変換（吸収）されて衝突は完了する。完了するまでの僅かな時間（固定壁の場合、乗用車で約0.15秒）で、車体は前端から後方へ向けて複雑に潰れていく。このとき、もし、フロントボディだけで吸収できない場合は、乗員のいるキャビンまで侵入し、残りの運動エネルギーがすべて吸収されるまで変形を続けることになる。衝突によって、シートベルトで拘束されている乗員であっても前方にかなりの加速度をもって移動するが、この場合、相対的に前方から、ステアリング系、エンジン駆動系などが乗員のいるキャビンまで激しく侵入することになり、このような状態になれば、乗員はさらに大きなダメージを受けることになる。

車両重量を軽くすることができれば、走行中の運動エネルギーも比例して小さくなるので、固定された障害物に衝突した際には、重量の重い車両に比べて車体変形を少なくすることができる。

一般的に、重量の重い車の衝突安全対策はかなりの重量増を招き、重量が増えるとさらに安全対策が必要になるなど悪循環に陥りやすくなる。スチール製ボディに対し、150 kg～200 kg 近い軽量化が期待される CFRP 製ボディは、今までとは大きく異なる衝突安全ボディをつくることができるのである（**図4.22**）。

また、このことは当然ながら電気自動車や燃料電池車など、ガソリンエンジン車以外にも言えることである。

BMWi3 の開発を担当したプロダクトマネージャーは次のような趣旨を述べている。

－BMWi3 は、当初既存の車体構造で電気自動車（EV）をつくるという方向で進めていたが、途中で、それでは目指すものが出来ないことが分かり、CFRPを使ったボディ骨格を開発することにした。一日に3桁規模の台数を生産することは、スチールの場合、高ハイテンあるいは1,500 MPa級の超ハイテンに変更しても、最初は15〜20 kg前後の軽量化効果を見込めるが、次のモデルチェンジではそれ以上を期待することは難しくなる。激しくなる燃費競争や排ガス規制に加えて、米国カリフォルニア州のZEV（Zero Emission Vehicle）規制対応などを考えていくと、開発すべき課題は多く抱えているものの、CFRPによる軽量化への期待は大きい。

これは正に、CFRPがもつ軽量化優位性の核心を表現しているといえる。個々の開発案件についてコストバランスを最優先させていくとどうしても既存の技術でやり切ろうという判断になることが多い。しかし、それではその先、多少の進化はできるかもしれないが、本当にやりたいもの、やらなければならないものに近づくことは難しいということである。

CFRPは、コストを始めまだ多くの課題を抱えているが、それを乗り越えたならば、スチールやアルミでは達成できない新しい感覚の付加価値を手にする

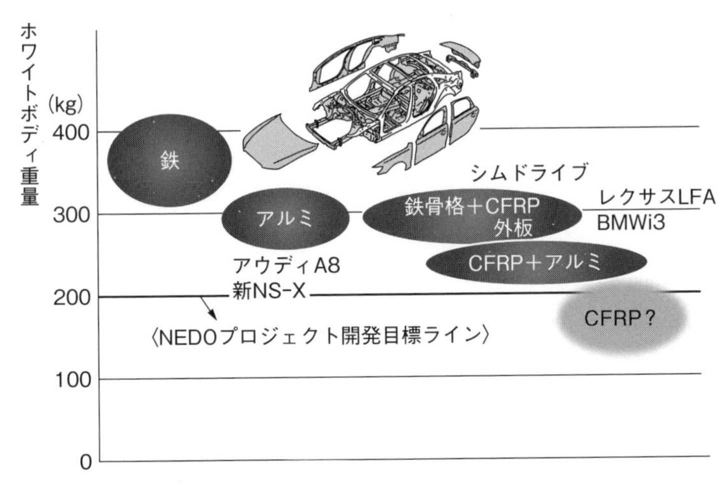

図4.22　ボディの主な構成材料とホワイトボディ重量

ことができるはずである。

CO_2排出量の低減や燃費向上は、エンジンやミッションなど駆動系の改良技術に依るところも大きいが、車体重量の軽減はそれ以外にも、衝突安全性の向上も含めて幅広い領域で広がる可能性をもっている。

第5章

軽量化設計の実際
—自動車を例に

5-1 自動車の設計

自動車は、誰でも自由に運転し、走ることの楽しさ、移動する便利さを味わうことができる。セダン、ミニバン、SUV、スポーツカーサイズ、そして小さい車から大きい車と、実に多くの種類の自動車が生まれている。デザインが飽きられないように、また、技術の進化をできるだけリアルタイムに提供しようと車のフルモデルチェンジは、通常4～5年のサイクルでおこなわれる。その間、ユーザーが他車に目移りをして離れないように中間でマイナーチェンジをおこなうこともある。4～5年でモデルをそっくり変えるとなれば、折角投資した専用の金型や生産設備が使えなくなり、再び新規に膨大な投資をおこなうことになる。当然、これは新車のコストに含まれるので、購入するユーザーが負担をすることになる。こういうことを続けることは自動車メーカーにとっても、ユーザーにとっても良いのかという議論が出てきても不思議ではないが、最近は一部の自動車メーカーが、プラットフォームの共通化に力を入れ始めるようになってきた。さすがにデザインの共通化は難しいが、プラットフォームであれば、設計工数、テスト工数をある程度減らすことができ、同じ金型や設備でより多くの数量の部品が生産できるので、投資とコストも抑えることができる。しかし実際に共通化をめざして設計しようとすると、設計の自由度が狭くなることや、検討しなければならない工数が反対に増えることもあるので、プラス面とマイナス面の両方を考えながら「車の個性」を失うことのないようにしなければならない（**図5.1**）。

一方で、プラットフォームを共通化しない方が良いとする考え方もある。新たに開発するカテゴリーの車やスポーツカーなどは、むしろ“ある程度飛び抜けた個性と技術”を開発に盛り込んだ方が、ユーザーにとっても大きな魅力を感じてもらえるのである。

フルモデルチェンジのサイクルが4～5年といっても、企画が終わった後の

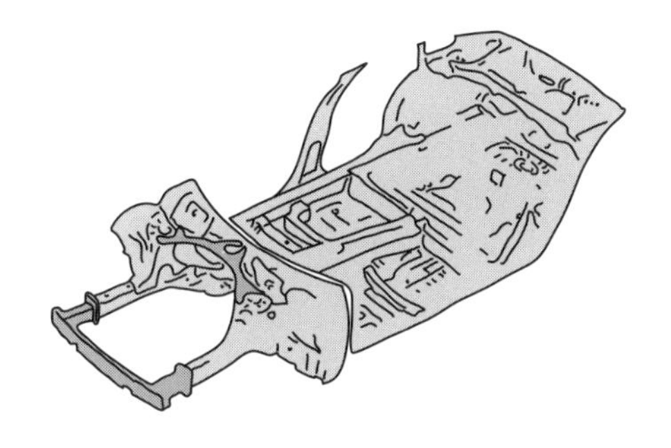

メリット	デメリット
・共通化する車種全体の投資額を少なくすることができる ・共用化する部品の生産量を増やすことにより、専用投資分の部品コストを抑えることができる ・設計工数、開発工数を減らすことができる	・共用化するための設計検討に工数を増やすこともある ・設計者の自由な発想を妨げることもある ・市場問題が発生した場合の対応や処理などのリスクを抱えることになる

図 5.1　プラットフォーム共通化のメリットとデメリット

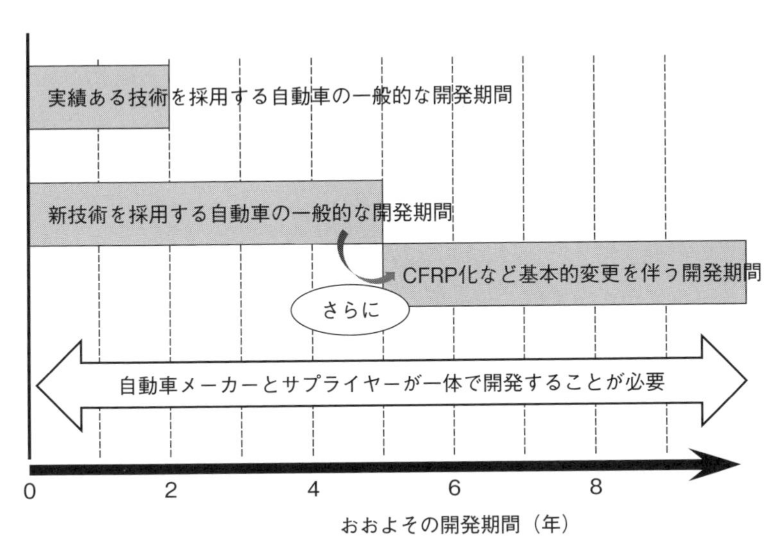

図 5.2　新しい技術が採用された自動車の一般的な開発期間

本格的な開発は2年足らずで開発できるようになってきている。しかし、全く新規の技術であれば投入できるようになるまで少なくとも5年前後の開発期間を要するものが多く、CFRPボディを初めて開発するようなケースではそれ以上は掛かると考えた方が良い（**図5.2**）。したがって、CFRPを提案するサプライヤーも長期にわたる開発計画はもちろんのこと、自動車メーカーと一体となって新しい要求性能を一つ一つ潰し込んでいくことになる。問題は、これほど長い期間をお互いに持続できるかどうかである。

5-2 自動車の開発フロー

自動車の開発フローは自動車メーカーによっても異なるが、車の企画からデザイン制作、製品設計、試作車製作、評価試験、量産準備、量産開始という基本的な骨組みは共通している。

開発がスタートしてから量産開始までどのくらいの期間を掛けているのだろうか。かなり以前は、試作車を数段階（2～3回ほど）に分けて製作し、評価試験と設計変更を繰り返しながら、ようやく量産準備段階に入るといったことが一般的であった。しかし、近年のコンピューターによる予測技術の信頼性が高くなったことや、開発費用を減らしたいという経営上の理由から、最近では1～2回に短縮できるまでになった。

乗用車の開発フロー例を**図5.3**に示す。

車の企画や構想の検討は、開発がスタートする数年前から始まっていて、並行してインテリア、エクステリアのデザイン制作も進められていく。そして、開発の正式ゴーサインが出てからは、設計や生産技術部門も本格的に加わり、デザイン案に対する設計検討や生技性（生産技術）の検証、コスト計画、重量計画、CAE（コンピューターを使ったシミュレーション技術）による性能評価など、初期段階での作業をできるだけ緻密におこなったうえで、本格的な設計に入る。

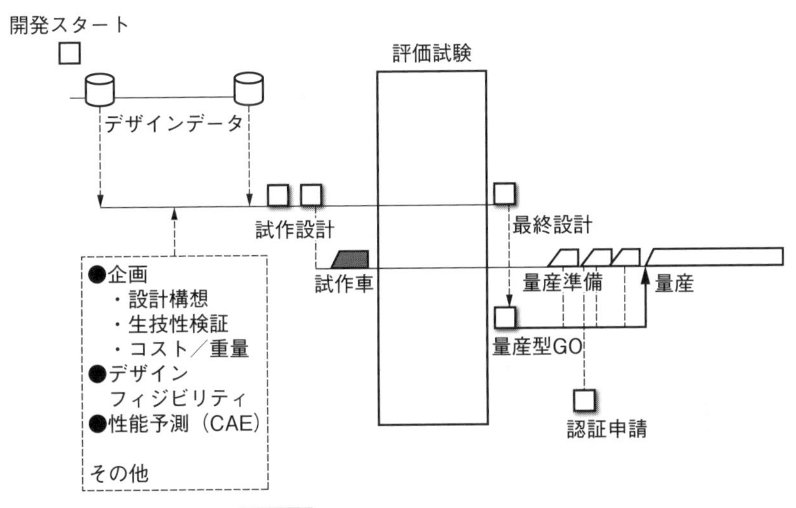

図5.3　乗用車の開発フロー例

この段階でどれだけ完成度を高められるかが、後工程の熟成度に大きく影響することになる。したがって、新しい素材や技術の見極めはすでに終わっていることが望ましいが、内容によっては、実際の完成車で評価をしなければ最終的な結論が出せないケースもあるので、“見通し有り”と判断できれば設計作業に入ることになる。繰り返すが、この段階の精度と完成度が低ければ、性能要件や目標としている商品性レベルに達するまで計画外の時間と工数が掛かることにもなり、最悪の場合は発売そのものを遅らせてしまうことにもなる。

昨今、自動車の開発は、コンピューターによるシミュレーション技術が格段に向上し、開発の初期段階で高い精度の性能評価をすることが可能になってきた。車体でいえば、衝突、強度、剛性、NVH（ノイズ、バイブレーション、ハーシュネス）など、実車での確認が必要な評価項目もこの段階で実施することになる。

計算の精度で言えば、鋼板プレス部品の成形後の板厚変化（通常は成形時に板が伸ばされることにより、部分的に数パーセントほど薄肉になる）をモデルの条件に入れるなど、できるだけ実車に近い条件を入れて計算をおこなっている。そのため、実車による試験結果とかなり近いレベルまで予測ができるようになっている。

コストと重量の計画は、設計者にとって頭を悩ませるだけではなく、かなりのプレッシャーを与える。もちろんこの段階では、ボディの材質もスチールなのか、アルミなのかそれとも新材料にするかは決まっているのであるが、計画を少なめに見たり、大目に見たり、設計者の個性が表れやすい場面でもある。

設計作業が終わると、いよいよ試作車を造る段取りに入る。

最近は、試作車の仕上がりレベルを量産車にできるだけ近づけられるように、試作型の造り方も量産の金型にかなり近いものになっている。骨格を組み上げる溶接用治具や設備も、出来るだけ量産に近づけるような状態に進化されてきている。したがって、試作車といえども、外観、品質、精度などは量産レベルにかなり近づいている。また、ボディの場合は、試作と量産の造り方が大きく異なると、衝突や強度その他のテスト結果にバラツキ以上の差違が生じることもあるので、量産車に近づけられるようになれば性能評価の精度が高くなり、結果として開発期間の短縮化と試乗品質の安定性がさらに高まることにもなる。

試作車の評価テストは、ホワイトボディで実施するものと、完成車状態で実施するものとがあり、完成車では、静止状態でテストを実施するものと、実際に走行してテストを実施するものとがある（**図 5.4**）。ボディの場合は、この試作車を用いて要求特性の評価を含めた計画にもとづいてテストを実施していくことになるが、この段階で製作する試作車は、数十台以上を製作することになる。

量産準備段階では、量産用金型や設備などの製作が始まり、量産前の実車確認をおこない、ようやく量産が開始されることになる。この段階に入る前に、テスト結果がOKになっていないと、製作の途中で設計変更になり、金型や設備を修正するようになるか、もしくは最悪のケースでは造り替えをしなければならないことになる。特に、CFRPのような新材料をボディの骨格に使うような場合は、量産準備に入る前までに量産に近い仕様の部品（製品）で、すべての要求特性と品質基準を満足させておくことが大切である。

量産に向けては、特に安定した品質の生産を維持できることがカギになる。設計の仕様が同じでも、品質や精度に要件を超えるバラツキが出るようなことがあれば、当然、車の性能にも影響を与えことになる。車の設計者は、車の造りかたを問題にするのではなく、そもそも造りにくい設計仕様になっていないかについて設計図面の再検証をしていくことが、次に向けての貴重なノウハウになる。

ようやく量産になって、各地の販売店からユーザーに渡るようになる。

ここから重要なことは、ユーザーの声にどれだけ謙虚に耳を傾け、どれだけ次の車に反映できるかであり、自動車メーカーの生命線につながっていく。

ホワイトボディで実施する主なボディ関連試験	完成車で実施する主なボディ関連試験
・シートベルトアンカレッジ強度試験	・衝突試験
・振動試験	・NVH（音、振動）試験
・ショック耐久試験	・悪路耐久試験
・曲げ剛性、ねじり剛性試験	・ルーフ強度試験

図 5.4　自動車ボディに関連する主な試験

5-3　ボディの役割と機能

自動車のボディは二つの大きな役割を持っている（**図 5.5**）。

一つ目は、乗員を安全かつ快適に移動できる居室空間をつくること、二つ目は、エンジンやミッション、サスペンション、タイヤ、ブレーキ、操作系、冷却系、燃料タンクなど移動するために必要な部品を取り付けることである。そして、多くの部品を取り付ける役割を持つことから“母なるボディ”といわれてきた。

乗員を安全かつ快適に移動できる居住空間とは、万一衝突したときに乗員が受ける傷害のダメージを可能な限り少なくすること、不快な振動や音を少なくして、乗り心地も良くすることを意味している。この点については第１章の衝突安全ボディと高剛性ボディで詳しく述べているので参照していただきたい。その他として、走行中の空気抵抗が少ないデザイン形状であること、ドア、フード、テールゲートなど繰り返し開閉する部品を取り付けているヵ所が必要な強度を持っていること、錆びにくいこと、リサイクルしやすいことなどがあげられる。

二つ目の移動する為に必要な部品を取り付ける作業は、そもそもエンジンをクルマのどこに置くかという最も重要なレイアウトから始まる。エンジンの位置が決まれば、ステアリングなどの操作系やタイヤ、ペダルの位置なども決まる。ペダルの位置が決まれば、クルマの性格（多目的車かスポーツカーかなど）にもよるが乗員のかかとの位置、尻の位置、背骨の姿勢（角度）、頭の位置（目の位置）などが決まることになる。したがって取り付けるという作業は、位置を決めることと合わせ、取り付ける方法を決める作業でもある。数万点にものぼる部品を問題なく配置していくことは、クルマを開発していくなかでも経験を要する作業のひとつである。

エンジン・ミッションはボディに直接（ゴムマウントを介して）ボルト締め

をするタイプと、サブフレーム（クレードル）と呼ばれている頑丈なフレームにあらかじめ組み付けてあるものを完成車組み立てラインでボディに組付けるタイプがある。サスペンションも両方のタイプがあり、それぞれクルマの車格に応じてコスト、重量、性能、品質、他社車との競争力などを検討しながら、選択していくことになる。

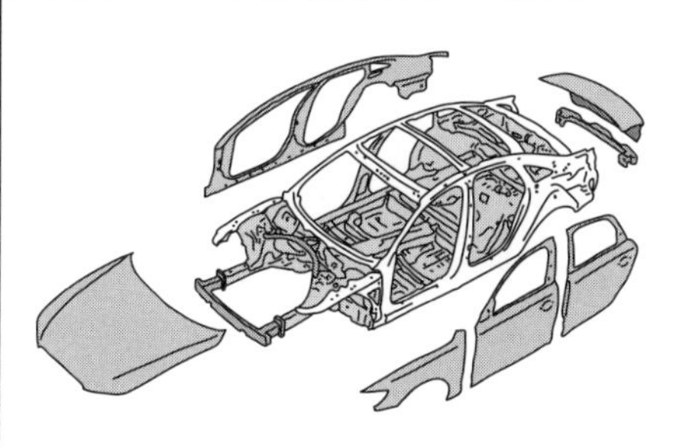

1.乗員を安全かつ快適に移動できる居室空間をつくること

2.エンジンやミッションなどの駆動系、サスペンション、タイヤ、ブレーキなどの足回り系、操作系、冷却系、燃料タンクなど移動するために必要な部品を取り付けること

図 5.5　ボディの重要な役割

5-4 ボディの要求特性

前述したように、自動車のボディは“母なるボディ”ともいわれ、多くの役割と機能を持ち、また、要求される性能や特性も多岐にわたっている。

表5.1に自動車ボディに必要な要求特性の主なものをまとめた。

5-4-1 剛性

剛性には、静剛性（Static stiffness）と動剛性（Dynamic stiffness）がある。

ボディ全体の剛性を評価する場合には、曲げ（Bending）と捩り（Torsion）のモードでみる。一定の荷重を負荷し、その変形量からそれぞれ曲げ剛性値、捩り剛性値を求める。剛性値は特に法規等で規定されているものではないが、数値が低いと荒れた路面などでは、ボディの変形により部品同志が干渉して雑音が発生することもある。更に、長期にわたって大きい変形が繰り返し続けば、亀裂あるいは破損することも考えられる。また、乗り心地などクルマの快適性にも影響を与るので、各自動車メーカーは独自の要件を設定している。

静剛性は質量を考慮しないが、動剛性の場合は質量も含めて考える。動剛性を評価する場合、車体の固有振動と振幅レベルに着目をする。車体の固有振動は低い周波数から１次、２次…の共振周波数があらわれる。走行中に突然大きく振動する共振周波数と重なることは避けたいが、どうしても重なる場合は部分的にも剛性を上げて「力づくで」振幅レベルを小さくする手法も採られる。動剛性が高ければ、例えば信号待ちでＤレンジのままブレーキペダルを踏んでいるとき、エンジン系、ステアリング、シートからの不快な振動も気にならないし、かなりの高速走行でも車体全体が共振するようなことも避けることができる。動剛性についてはもう一つ周波数応答で評価する方法もある。これは完成車のサスペンション支持部を加振したときの車体側の応答を解析するもので、FFT（Fast Fourier Transform＝高速フーリエ変換）により各周波域における振動の大きさが表示される。これにより、どの部品がどのくらい振動しているのかが解明でき、起因していると思われる場所の剛性を上げて振動の振幅を小さくするようにしている。

動剛性を高めるために単純に板厚を増したり、別部品で補強したりすると重

表 5.1　自動車ボディの主な要求特性

区分	主な評価項目	主な要求特性
全体剛性	完成車もしくはボディで評価	・要件は自動車メーカーが設定する。（前モデルや競合他車と比較し、市場での競争力などを考慮して、設定することが多い）
静剛性	・曲げ ・ねじり	
動剛性	・NVH（音、振動、ハーシュネス） ・アイドリング振動	
局部強度	特に重要な箇所 ・サスペンション取付け部 ・ドア、フードなどの取付け部 ・骨格部品の接合部	・静的荷重および動的な繰り返し荷重などに対し、母材や接合部の破断、永久変形が無いこと。 ・接合強度（CFRP を含む樹脂の接合強度は鋼板の接合と同等以上が基本となる）
衝突安全	・軽衝突 ・高速衝突	・各国の法規、基準に適合すること。（保安基準、NVSS、ECE、IIHS など）
大変形	・シートベルトアンカレッジ ・ルーフ強度 など	・各国の法規、基準に適合すること。（保安基準、NVSS、ECE、IIHS など）
長期耐久	・悪路耐久走行 ・ショック耐久走行 など	・要件は自動車メーカーが設定する。
その他	・錆（塩水噴霧、塩害地走行） ・リサイクル性 ・市場品質	・自動車の一般的な環境温度設定 －40 ℃～＋80 ℃

量増やコストアップを招くことになるので、車体全体の剛性バランスをもう一度見直すことも加えて、部材間の結合効率を高めることやスポット溶接箇所には接着剤も併用することなども有効な対策案として考えられる。

商品性レベルと重量、コストとのバランスをどうとるかがキーになる。

5-4-2 局部の強度

ボディは様々な大小部品が組み付けられているので、個々の部品がどういう方向にどの位の力が掛かるのかを知る必要がある。また、力の掛かり方もいくつかの種類に分類することが出来るので**表 5.2** に示す。

1）ドアなどの開閉による衝撃荷重

2）路面からサスペンションを通じて受ける動的な繰り返し荷重

3）エンジンなど搭載している重量物の上下振動よる動的な繰り返し荷重

4）長尺の樹脂部品をボディ（スチールやアルミなど）に取付けた部位に材料の熱収縮差によって生じる熱応力

5）その他

開閉による衝撃荷重に対しては、実際にユーザーが使用する場面を想定して自動車メーカーが独自で評価の基準を定めている。万一ヒンジやロック部の破損や破壊が生じた場合には重大事故にもつながりかねないので、完成車の開閉耐久試験もロボットなどによる開閉を相当数繰り返して実施される。

路面から受ける動的な繰り返し荷重に対しては、材料の降伏応力を超えない設計仕様であっても、実車の耐久走行試験中に亀裂が発生することもある。また、応力腐食割れや遅れ破壊といった初期に発生しない破壊現象にも十分注意して設計することが大切である。本書で繰り返し述べているように、このような部位に CFRP を使用する場合には、従来のスチールまたはアルミ材料の設計ノウハウはほとんど使えないので、新たな要素技術として開発を重ねていく必要がある。

内装部品、外装部品については、実車の環境温度を－40 ℃～＋80 度で想定する。高、低温時あるいは繰り返しの熱影響や部品の内部の熱応力発生など評価する。長尺の樹脂部品を取り付ける場合は、取付け部数ヵ所の1ヵ所を固定し、他をスライドさせる締結構造をとることが一般的である。

表5.2　ボディに掛かる主な入力荷重

NO	入力荷重の主な種類	対象となる主な部品
1	ドアなどの開閉による衝撃荷重	・対象部品 ドア、フード、トランク、バックドア ・重要部位 ヒンジ、ロック、ドアチェッカー　など
2	路面からサスペンションを通じて受ける動的な繰り返し荷重	・対象部品 サイドフレーム（フロント、リヤ） ホイールハウス（ダンパー取付け部） その他入力されるフレーム
3	エンジンなど重量物の上下振動による動的な繰り返し荷重	・対象部品 サイドフレーム エンジンクレードル取付け部位 シートフレーム　など
4	長尺の樹脂部品の熱収縮で発生する熱応力	・対象部品 長尺樹脂部品 エアロパーツ など
5	その他	・ジャッキアップ指定部位 サイドシル　など ・燃料タンク（バンド）取付け部位 フロアーフレーム　など

5-4-3　軽衝突と高速衝突

低速域の衝突試験である軽衝突は、フロントバンパーおよびリヤバンパーの法規、基準性能を評価するものである。バンパーのデザイン面にあたるフェースは樹脂のPP（ポリプロピレン）でつくられているが、内部にはスチール製もしくはアルミ製の強度ビームが組付けられている。

試験方法と評価基準は、北米ではMVSSとIIHSで規定されており、時速2.5マイルと5マイルの低速域における車体部品のダメージを評価するものである（**図5.6**）。ダメージとしては、ボディ塗膜剥がれの有無、ヘッドライトなどの燈体やフード前方ロック部の損傷などを評価する。アメリカ合衆国では“ボディノーダメージ”、カナダでは“機能損傷の有無”という規定内容の違いがあるので、北米向けのクルマはおよび両国の規定に基づいた試験評価をしなければならない。

また、北米やEUではバンパービーム本体だけではなく、中速域で衝突させることにより後方にあるボディ部品のエクステンションやサイドフレーム前端部の損傷レベルを調査し、その修理費用を公表している。この試験は、ボディの損傷をできるだけ少なくするような設計を自動車メーカーに対して間接的に働きかけ、結果として、保険による修理費用を抑えることが最大の目的である。

さらに、前述したNCAPのアセスメント試験では、低速で歩行者を跳ね上げたときの人体への損傷レベルを評点化しており、そのためのバンパービーム周辺の対応も設計の課題になっている。

いずれにしても、車両の前端と後端に位置するバンパー（ビーム）は、走行時の車両運動性能を高めるなどの目的から近年ますます軽量化していく傾向にあるが、一方では以上のバンパー性能を満足させるための技術的な検討課題も増えてきているのが実情である。サイドフレームのCFRP化を検討していく場合には、重要になる項目である。

高速域の衝突評価試験は、乗員および歩行者への保護性能をより高める目的から、次第に種類が増えてきている。したがって、開発に当たっては常に最新の法規や基準の情報を取り込んでおく必要がある。

各国の衝突評価試験規定を図 1.21 および図 1.22 に示している。

衝突評価試験の種類としては、前面フルラップ衝突、前面 40 %オフセット衝突、側面衝突、後面衝突の規定があるが、日本の保安基準、北米の MVSS、EU の EC ではそれぞれ差異があるので、当然ながら、仕向地に準拠した試験評価をしなければならない。

前面フルラップ衝突試験は、コンクリート製の壁に既定の重量に設定した完成車を衝突させるもので、前面 40 %オフセット衝突は、コンクリート製の壁にアルミ製ハニカム構造（デフォーマブルバリヤ）を取り付け、車両巾の 40 %だけラップするように衝突させる。フルラップの場合は、フロントボディの重要なエネルギー吸収部材である左右２本のサイドフレームで受け止められるが、オフセットでは、サイドフレームの片側だけに入力されることから、室内への侵入量も増加する。

高速衝突については、第１章の 1-9 衝突安全ボディでも記述しているので、ぜひ参考にして頂きたい。

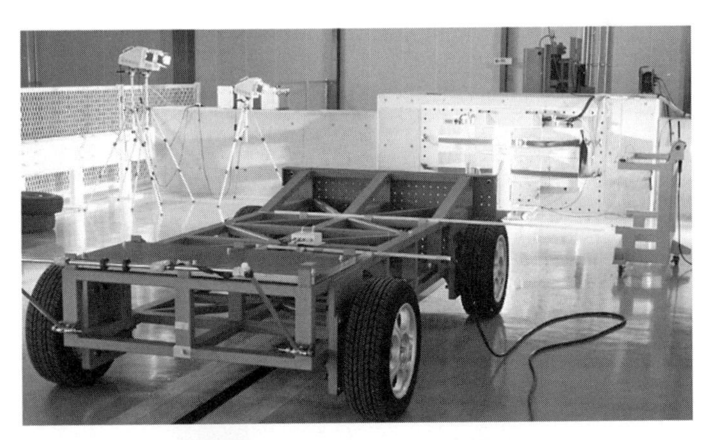

図 5.6　バンパービームの台車試験

5-4-4 大変形

(1) シートベルトアンカレッジ試験

シートベルトは、車が万一衝突したときに、前方に飛んでいこうとする乗員を拘束する極めて有効な装備である。そのためほとんどの車には、規定以上の衝撃を感知すると自動的に巻き取り装置がロックして乗員を拘束するELR（エマージェンシー・ロッキング・リトラクター）が装着されている。そのシートベルトをボディに取り付けている場所をシートベルトアンカレッジと呼んでいる。したがってアンカレッジ付近の強度を保つことは生死にかかわる重要な性能となる。シートベルトは、前席では運転席と助手席用にそれぞれ左右対称に3ヵ所ある。まず乗員の肩付近にあるBピラー（柱）と呼ばれる骨格の上部固定点と腰部左右付近にある固定点2ヵ所で、腰部の固定点は、乗員の座るシート位置に左右されないようにシート側に取り付けている車両もある。

規則では、肩、胸を拘束するショルダーベルト、腰部を拘束するラップベルトにそれぞれ13.5 KN（キロ・ニュートン）の荷重を加え、さらにシートにはシート重量の20倍の荷重を加えて試験を行うよう定めている（**図5.7**）。

ベルトの取付け点には相当な荷重が加わることになるので、当然それに耐えるだけの強度が必要になる。締め付け用のナットだけでは取り付けている板が破断して抜ける可能性が高いので、通常は一定の面積を持ったスティフナー（補強板）を介することにより、ナット周辺に掛かる力を分散させて対応している。基準となる荷重に達してから0.2秒間以上保持できればクリヤーされたことになる。

(2) ルーフ強度

この試験は、衝突事故で横転したときに受ける可能性のある乗員頭部へのダメージを、静的試験による車体の変形量に置き換えて評価するものである。規則では、前席乗員頭部付近のボディ強度を**図5.8**に示す試験方法で試験をおこなうよう定めている。

ボディ構造としては、Ａピラーからサイドルーフレール、フロントルーフレールの３つの骨格部品それぞれの剛性、強度、そしてそれらを結合する結合強度に大きく依存することになる。

箇所	荷重 (KN)
①ショルダー	13.5
②ラップ	13.5
③シート	シート重量×20

図 5.7　シートベルトアンカレッジ試験

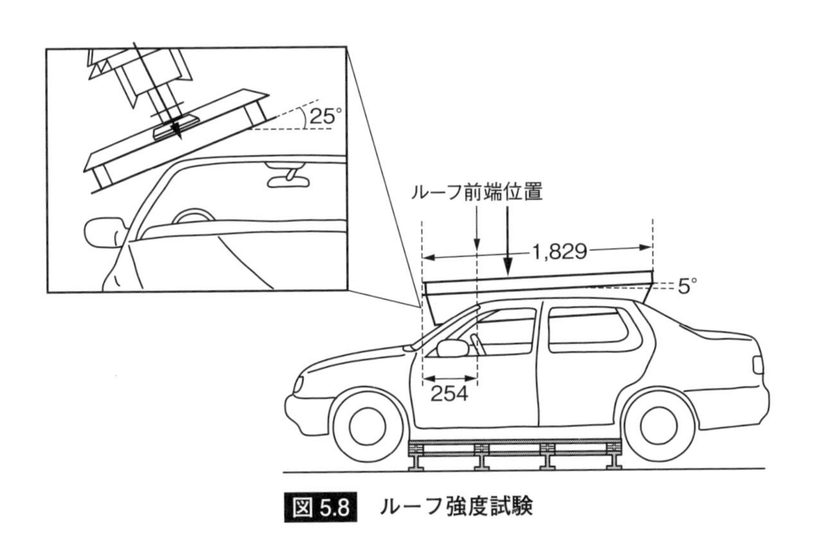

図 5.8　ルーフ強度試験

5-4-5　耐久

（1）ホワイトボディのショック耐久

この試験は、表面に小さな突起を付けたドラムの上に、タイヤをつけたホワイトボディを載せて、前輪、後輪から不規則な衝撃（ショック）荷重を与えるボディ耐久強度試験の一つである（**図 5.9**）。開発初期の比較的早いタイミングで造られたホワイトボディを用いて、数十時間連続して衝撃荷重を与え、途中でボディに亀裂や接合部の剥がれなどの不具合事象が発生しないことを確認する。

ドラムの突起量は見た目ではそれほど大きく感じないが、高速でドラムが回転すればボディが受ける衝撃はかなり大きくなる。実際の試験では、規定の時間に到達する前に不具合が見つかることも珍しくないが、設計段階において、軽量化とコスト低減によりギリギリの仕様でスタートさせていることからすれば、多少は予想せざるを得ないこともある。不具合が見つかった場合は、対策の有効な場所と改善の仕様を見極めながら、部材の板厚を増したり、更に強度の高い材料に変更したり、根が深いケースでは構造そのものの見直しをすることもある。

重量、コスト、剛性、強度などとのバランスをどのように取っていくか、設計と開発の総合力が試される場面でもある。

（2）完成車の悪路耐久

この試験は、エンジンを含むすべてのパーツがホワイトボディに組み付けられた状態の完成車を、試験コース内につくられた未舗装の悪路で数万 km 走り続けるものである（**図 5.10**）。特にボディやサスペンション周辺などに亀裂、変形、異音等が無いかどうかを確認する。

この段階で重要な不具合が発生すると、対策を投入して再確認するまでかなりの時間と工数が掛かることになり、場合によっては、開発全体に少なからぬ影響を与えることもなることもある。

前述したホワイトボディのショック耐久試験も同様だが、亀裂や変形は、金属の場合は比較的発見しやすいが、例えばCFRPを使用する場合には、炭素繊維の亀裂有無の確認方法、亀裂のレベルや進行（推定）による部材の耐久性をどのように評価していくかが課題として挙げられる。

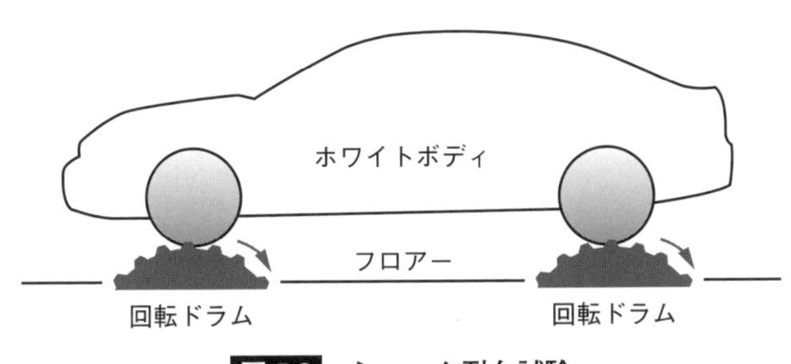

図 5.9　ショック耐久試験

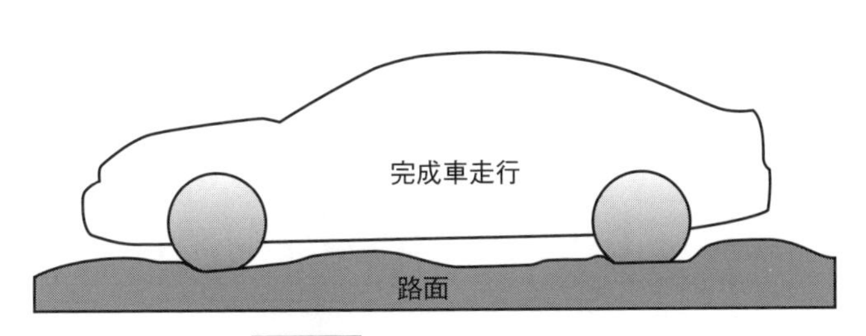

図 5.10　悪路耐久走行試験

5-5　ボディの種類と構造

第1章で述べたように、現在の乗用車のボディはモノコック構造が圧倒的に多い。その他、重量物を積載し、悪路も走行するピックアップのような車は、シャシーフレームの上にモノコック構造のボディを載せる構造を採用しているものもある。一般的にモノコック構造はシャシーフレーム構造に比べて重量を軽く造ることができるので、多くの乗用車で採用されてきた。しかしながら、ボディの材質を鉄やアルミなどの金属からCFRPに置換するとなると、シャシーフレームを併用した車が再び登場した。その代表的な車がBMWi3である。

次に、自動車のボディ骨格はどのようにして設計していくかについて述べることにする。

乗用車のボディを設計する際、いくつかの領域に区分して作業を進めることになる。以下、二つの区分例を挙げる（**図5.11**、**図5.12**）。

- **フロントボディ、アッパーボディ、フロアボディ**
- **フロントボディ、居室（キャビン）、リヤボディ**

一般的には前者を採用することが多い。それぞれの領域が持つ設計の手順、考え方、ノウハウなどは大きく異なるところが多く、全体の設計を経験し、それぞれの設計ノウハウを習得するには、10年～15年ほど要することもある。

5-5-1　フロントボディ（機械系ゾーン）の構造と設計

フロントの機械系ゾーンはエンジンを最初に置くことから始まり、ミッション、ドライブシャフト、タイヤ、サスペンション、ステアリング操作系、冷却系などのレイアウトを決めていくことになる。車両の前端部にはバンパービームという強度の高い低速度衝突用（試験では時速2.5マイル以上）のビームが車の左右方向に配置され、ここから居室との仕切り（ファイヤーウォール）ま

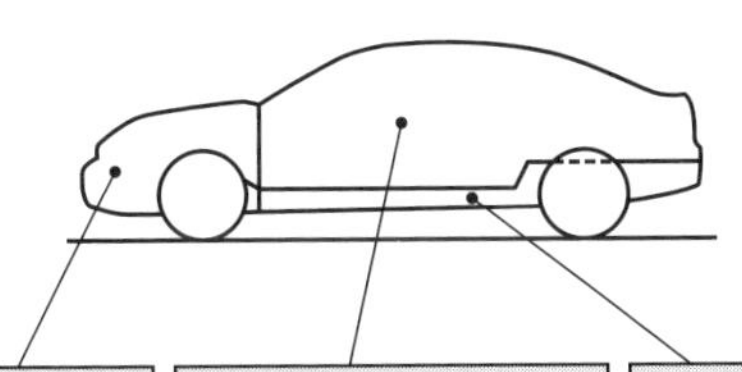

フロントボディゾーン

〈主な機能〉
・前面衝突エネルギー吸収
・駆動系搭載
・足回り系搭載
・操作系搭載
・視界系（ワイパー）搭載
・補機類搭載

〈主なボディ部品〉
・サイドフレーム
・バンパービーム
・ダッシュボード
・フード、フェンダー

アッパーボディゾーン

〈主な機能〉
・エクステリア、
　インテリアデザイン
・乗員安全
・ボディ剛性
　NVH（音、振動）
・ドア類の取付け

〈主なボディ部品〉
・ピラー
・サイドシル
・サイドパネル
・ルーフフレーム

フロアーゾーン

〈主な機能〉
・乗員安全
　シート
　シートベルトアンカー
・燃料タンク搭載
・足回り系搭載（床下）
・排気系搭載（床下）

〈主なボディ部品〉
・フロアパネル
・フロアフレーム類
・シート取付け用
　ブラケット

図 5.11　ボディ設計の領域区分例（1）

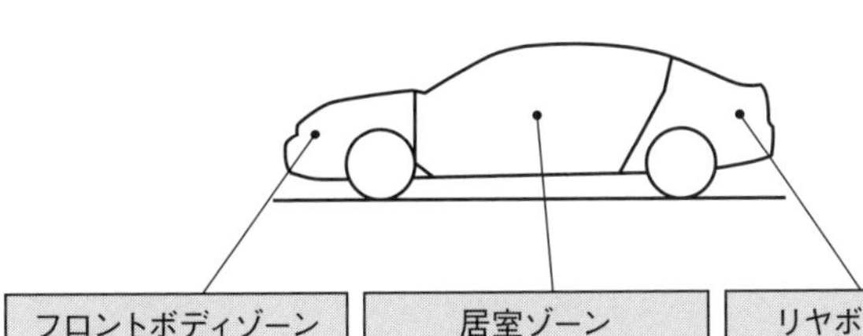

フロントボディゾーン

〈主な搭載部品〉
・エンジン、ミッション
・サスペンション
・ギヤボックス
・ラジエータ
・コンプレッサー
・マスターバッグ
・ワイパー
・エンジンクレードル

〈主なボディフレーム〉
・サイドフレーム
・バンパービーム

居室ゾーン

〈主な搭載、装着部品〉
・ステアリング系
・ペダル類
・エアコンブロアー
・シート、シートベルト
・バックミラー
・燃料タンク（床下）

〈主なボディフレーム〉
・Aピラー
・Bピラー
・サイドシル
・フロアーフレーム

リヤボディゾーン

〈主な搭載、装着部品〉
・スペアタイヤ
・フュエルフィラー
　パイプ

〈主なボディフレーム〉
・リヤフレーム
・クロスメンバー
・バンパービーム

図 5.12　ボディ設計の領域区分例（2）

でを一般的にフロントボディと呼んでいる。そしてバンパービームの両端部近くから後方に向かって伸びるサイドフレームと呼ばれる2本の大断面フレームが、エンジンとミッションの両脇を支えるように配置されている。フロントのサスペンションあるいはサブフレーム（エンジンクレードルともいう）もこのサイドフレームに組み付けられ、路面からの入力を支えている。

このようにフロントボディは、多くの機械系パーツを効率よく配置する作業（レイアウト）が重要で、部門間のコミュニケーションが上手く取れていないと、後で支障をきたすことになる。

エンジン、ミッションなど金属の大きな「塊」は、万一衝突したときには、「潰れない長さ」として考え、場合によっては、そのまま居室ゾーンに侵入する加害物になる可能性もある。そこで、衝突したときには、エンジンを素早くフレームから外して下に落とす方式を採用している事例も見られる。

車を横から見たとき、フロントボディの全長から、上述した「潰れない長さ」を差し引いたものが変形可能なゾーンとして、衝突エネルギーの相当部分を吸収すると期待することができる。どれくらいの変形可能ゾーンが必要になるかは、車の重量やフロントボディ全体の持つエネルギー吸収特性などを見極めながら決めていくことになる（**図5.13**）。

メインとなるサイドフレームには、片側で80～100 KN前後の最大荷重が掛かると過去の実験結果からも推測できる。したがって、サイドフレームの後方根元にあたる居室側ボディではそれ以上の反力を発生させる構造であることが求められる。

それではどのようにフレームのサイズや板厚を決めていくのであろうか。

実際の車の開発では、そのたびにゼロから計算して決めていくことは極めて稀で、過去に量産の実績があり、重量や構造、デザインなどが比較的近い車を参考にして決めていくことになる。新規の構造設計で必要なことは、フレームの前方から後方に向かう変形エネルギー吸収をできるだけCAEで予測し、的確に潰し方をマネージメントすることである。特に衝突を考えていく場合には時間軸の変化が必要になるので、前方から徐々に潰していきながら、最大荷重を高すぎないようにコントロールし、ボディの変形によって吸収するエネルギーの総合量を最大限生み出すことのできる潰し方を工夫していくことが重要な目標になる。

しかし、実際の衝突では、自車の進行方向と相手の車や障害物に角度が付いていたり、ある程度オフセットしていることが多いので、フレームの理想的な潰れ方がそのまま発揮されることは稀であると考えるべきである。また、モノコック構造のように二枚のプレス加工品を断続溶接で閉断面をつくる構造の場合は、衝突時の激しい衝撃荷重で接合部が剥がれるケースもある。したがって、本来フレーム部材が持っている機械的性能が十分発揮されないことも想定しておかなければならない。また、フレームの軸方向で全域にわたって理想的に座屈することもあまり期待できず、途中で曲がって、期待したほどエネルギーを吸収されないケースが実際には多いのである。

CFRPをフレームに採用する場合は、以上のようなケースを十分考慮して設計する必要がある。

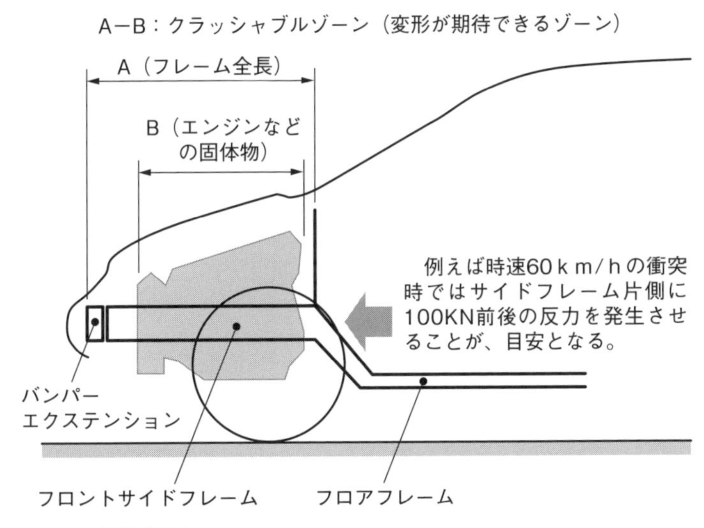

図5.13　衝突時のエネルギー吸収エリアの考え方

ここまで衝突を中心に話を進めてきたが、フロントボディを設計していく上で、もう一つの大きな技術課題がある（**図 5.14**）。それは、サスペンションをどのような構造でボディ側に支持させるかということである。かなり以前の小型車には、タイヤから入力される前後、左右方向の力をボディに直接支持させる方式も多く見られたが、近年になると多くの車は、乗り心地をより重視し、組み付け精度を高くする目的から、あらかじめサブフレームという大型のフレームに組み付けておき、ボディの塗装が完了した後の組立ラインで取り付ける方式を採用するようになっている。しかし、タイヤから入力される変則的な繰り返し荷重や突然の大荷重、さらには不快な振動をボディで受け止めるには、やはりメインとなるサイドフレームと周辺のボディ構造の剛性に大きく影響される。特に、走行中では上下方向に大きな荷重が入力しやすいので、受け部のボディ側では、メカニカルインピーダンスを高めて、サスペンションの持つポテンシャルを十分引き出す工夫が必要である。

ボディにCFRPを使用する場合には、強度と剛性の両面から信頼の高い構造で設計をしていくことが重要になる。

5-5-2　居室ゾーンの構造と設計

居室ゾーンとなるアッパーボディは、後述するアンダーボディの上に接合されている。アンダーボディは、縦骨と横骨をそれぞれ数本、井桁のようにつなげた平面的な骨格構造（住宅でいえば基礎と床）だが、アッパーボディは立体的な骨格構造（住宅でいえば柱、内・外壁、屋根）である。

次に、乗員が快適に移動できる車の居室空間はどのようにしてつくっていくかを簡単に説明する。

居室内のパッケージングは、まず足元のペダル位置から運転者（実際の作業では標準化されたマネキンモデルを使う）の「かかと」のポイントを決め、大腿骨であるヒップポイント、背骨の角度、頭とルーフの間隔を試行錯誤しながら、デザインコンセプトに合わせて設定をしていく。また、車幅の方向では、運転席と助手席の間隔、シートの幅、シートとドア内側との間隔、ドアの厚み

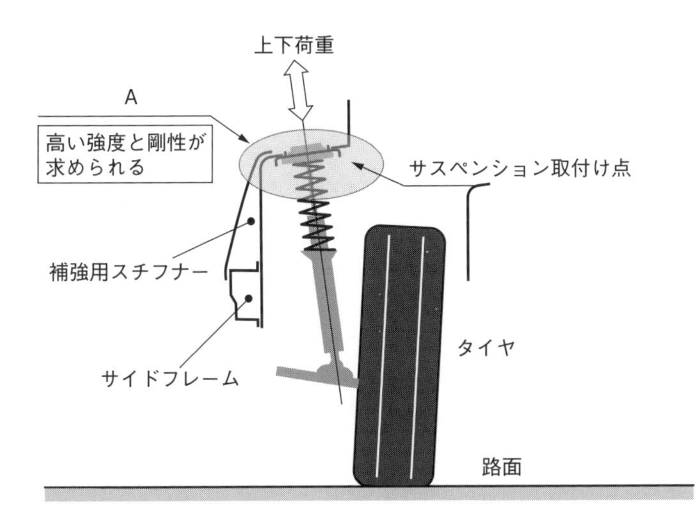

A 部の強度、剛性に関する設計要点
・A 部は、サスペンションの上下荷重を受けるため高い強度と剛性が求められる。
・A 部は、厚板（鋼板の場合は 2 mm～2.6 mm 程度）で受けることにより、材料の降伏点を超えない構造にする。 また、繰り返し不規則な荷重が掛かる場所であるため耐久強度への対応も必要となる。
・A 部とサイドフレームを効率良くつなぐスチフナーの構造が高い剛性を確保する上で重要である。

図 5.14　サスペンション取付け部の設計要点

などから同じくデザインコンセプトに合わせて設定をしていく。後席3人の場合も前席にほぼ合わせながら設定していくことになる。乗員の位置が決まると、前方視界、後方視界、前方視界には上方視界、下方視界があり、運転者が安全な視界を確保できるように要件等に従ってウインドウの位置やサイズを決めていくことになる。

(1) Aピラー

前方視界を決めていくときに最も慎重になるのが、Aピラーの位置と太さである。Aピラーはボディの中では大変重要な骨格部材のひとつで、全体剛性に対して非常に感度が高く、断面性能を上げれば効率的に剛性を上げることができる部材である（**図5.15**）。また、前述した前面衝突やルーフ強度だけではなく、最近のアメリカIIHSによるスモールオーバーラップ試験においても重要な部材であるといわれている。しかし一方で、断面性能を上げるためにサイズを太くすれば、運転者の視界を妨げることになり、歩行者や車両の事故につながりかねない。剛性や乗員の衝突安全からすると太くしたいが、反面、運転の安全性が損なわれてしまう。この相反する方向をどこで落ち着かせるかは大変重要なポイントである。2008年に発売されたオデッセイ（ホンダ）というミニバンのAピラーは、従来の鋼板をプレス加工した二つの成形部品を溶接で組み合わせる構造から、超ハイテン鋼管をハイドロフォーミング加工した構造に変更したことにより、高い強度と剛性を持ちながら、前モデルより約30パーセント細くしている。余談だが、多くの人はこのAピラーが細いほど安全に感じるというものではなく、ある細さ以上になると反対に不安を感じてしまうので、視界の安全と視覚の安全を両立させる太さが良いとされている。

Aピラーの延長にサイドルーフレールという骨格がある。Aピラー上端からフロントドア、リヤドアまで頭のすぐ横を前後に通っている骨格である。また、Aピラーから、次に述べるBピラー、Cピラーの上端を結ぶ骨格ともいえる。そして車の前後方向に並ぶ左右のA、B、Cピラーを結ぶ骨格が三本のルーフレールである。

以上で、車の上屋であるアッパーボディの骨格構造をつくっている。

車の高さに相当する立体的な構造物であり、全体の剛性を決める大変重要な骨格でもある。

Ａピラー、サイドルーフレール、フロントルーフレールの３本のフレームが、前席乗員の頭の斜め上のところで交わるところがある。この場所の強度が、前述したルーフ強度の性能を左右することになる。

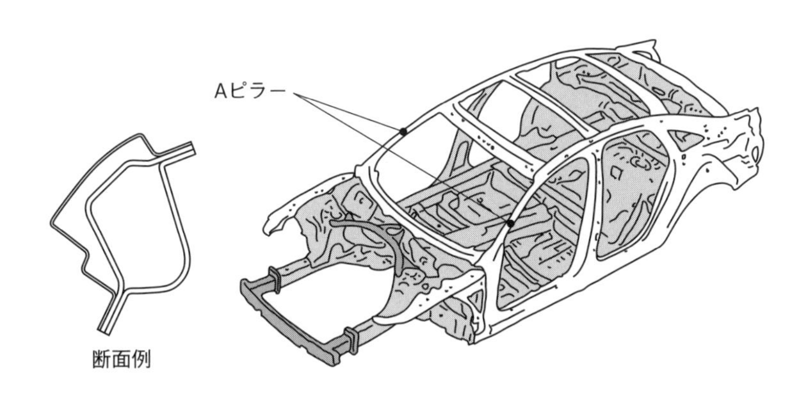

主な役割	内　容
• 衝突やルーフ強度などの大変形に対応する	・前面衝突特にオフセット衝突では、キャビンの変形を抑える重要なフレーム
• ボディ剛性に寄与する	・フロントボディ、アンダーボディとつなぎ、ボディ剛性高低の感度が高い
• 視界を確保する	・位置と太さが運転席からの視界性に大きく影響する 太さは、視界と剛性のバランスから決める
• ウインドウを接着する	・溶接用フランジに接着剤を塗布してガラスを接着する

図 5.15　Ａピラーの主な役割

(2) Bピラー

次にBピラーであるが、Aピラーと並んで大変重要な骨格部品で、主な役割は5つある（**図5.16**）。一つ目は、フロントドアをロックする機構を取り付ける。二つ目は、リヤドアのヒンジを取り付ける。三つ目は、シートベルトのアンカーを取り付ける。四つ目は、シートベルトの巻き取り装置を収納する。そして五つ目は、側面衝突の時、進入してくる車両や障害物から乗員を守る。いずれも居室にいる乗員の命と安全を守る重要な役割である。側面衝突に関しては、ドアと乗員の距離が少ないため、衝突のエネルギーを吸収する時間がほとんど取れず、ひたすら変形を小さくして侵入量を抑える役を担っている。したがって、より安全な対応として次第に高ハイテン化が進み、最近では1,500メガパスカルという普通鋼板に比べれば6倍を超える引張強度を持つ材料を使用するまでに至っている。さらに、1,800メガパスカルを超える材料の採用も進められている。しかし、ここで注意しなければならないことは、Bピラーの場合、側面衝突による変形が「曲げモード」になる為、鉄に比較すると曲げ剛性が低いCFRPに単純に置換するだけでは成り立たない可能性が高いことである。

やはり構造的な工夫が必要となる。

(3) サイドシル

車のドアを開けて乗降するとき、足元のまたぐところに「サイドシル」というボディの骨格としては比較的太いサイズのフレームが、フロントドア前端からリヤドア後端付近まで延びている（**図5.17**）。サイドシルは、ボディ全体の曲げ剛性および捩り剛性にも大きく寄与するだけでなく、前面フルラップの衝突（試験）や前面オフセットの衝突（試験）では、自車のエンジンなどが室内へ侵入してくる量を押さえる重要な部材でもある。多く見られる変形の姿は、前方からの衝突荷重による軸圧潰、フロントピラー下部の倒れ込みで発生する過大な曲げモーメントによる断面の座屈などが見られる。そこで、例えば断面のサイズを大きくとれば効果が出ると思われがちだが、下端は最低地上高などからあまり下げられず、上端は乗降性からそれほど高くすることはできない。また、幅を拡げていくと、断面の縦横比のバランスが崩れたり、乗降性を悪くすることにもつながる。したがって、あまり大きなサイズにしないで、断面の中に補強版を入れようということになる。実際、各自動車メーカーによって様々な断面内部の構造がとられている。

次に、側面衝突に対しては、法規による規定は日本、米国、EU でそれぞれ

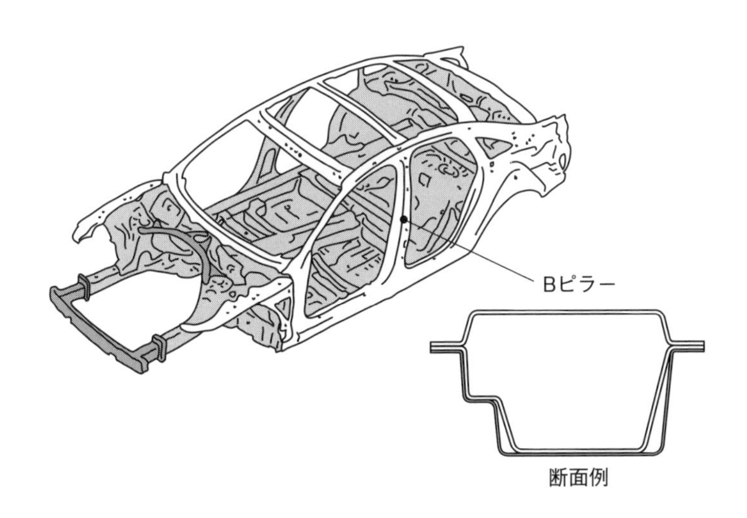

主な役割	内　容
• 側面衝突に対応する	・側面衝突時にキャビンの変形を抑える重要なフレーム
• ボディ剛性に寄与する	・アッパーボディとアンダーボディとつなぎ、ボディ剛性高低の感度が高い
• シートベルト ・アンカレッジ ・ELR の収納	・前面衝突時、肩付近に位置するショルダーアンカレッジ取付け部の変形を抑え、乗員を適正に拘束する
• ドアの重要部位を取付ける	・フロントドアのロック、リヤドアのヒンジなどの重要部位を取付ける

図 5.16　B ピラーの主な役割

個別に定められている。詳細は第1章で述べているが、床面に静止させた被験車両にアルミニウムのハニカムを装着した台車（MDB＝ムービング・デフォーマブル・バリヤ）が、決められた速度と角度でぶつかっていくものである。そのときのハニカム下端位置が被験車両のサイドシルとどの位ラップするかは車両毎に異なるが、多くの場合、極めて少ない。したがってサイドシルの役割としては、ほぼ垂直に立っているＢピラーの下部を強固に結合して、Ｂピラーの性能を十分発揮させることと考えるべきである。ただし、側面衝突には、近年、電柱や樹木への衝突を想定した「ポール衝突」が導入されてきているので、この場合は、サイドシルの骨格としての性能が重要な役割を果たすことになる（**図5.17**）。

5-5-3　フロアボディの構造と設計

乗用車のフロアは、前席から後席足元までのフロントフロア（パネル）と、後席からボディ最後端までのリヤフロア（パネル）の二枚のプレス成形したパネルを後席足元の位置で溶接で接合している（**図5.18**）。その接合部から後席のお尻をのせる面までの段差を利用して、室外側に燃料タンクを吊り下げている。前輪のタイヤから跳ね飛ばされてくる小石などを避けるには丁度良い「隠れ」場所なのである。

フロントフロアパネルの室内側にはフロンシートを載せるフレームを運転席側と助手席側にそれぞれ左右方向に通している。「それぞれ」となるのは、エンジン車の場合、排気ガス通すためのパイプを前席中央下部に置いているため、フロア中央部が凸形状になり、１本に繋ぐことが難しいからである。室外側には左右１本ずつのフレームを前後方向に通している。このフロントフロアフレームは、前面衝突した場合、フロントボディ下部に入力される荷重を受け止める役割と、床面の変形をできるだけ抑えて乗員のダメージを少なくする役割を持っている。また、走行中の「こもり音」など不快な音に対して、フロアーパネル自体の大きな板場（膜面）をこれらのフレームにより狭い面積に分散させ、室内空気の振動による音圧レベルを低下させる役割も持っている。

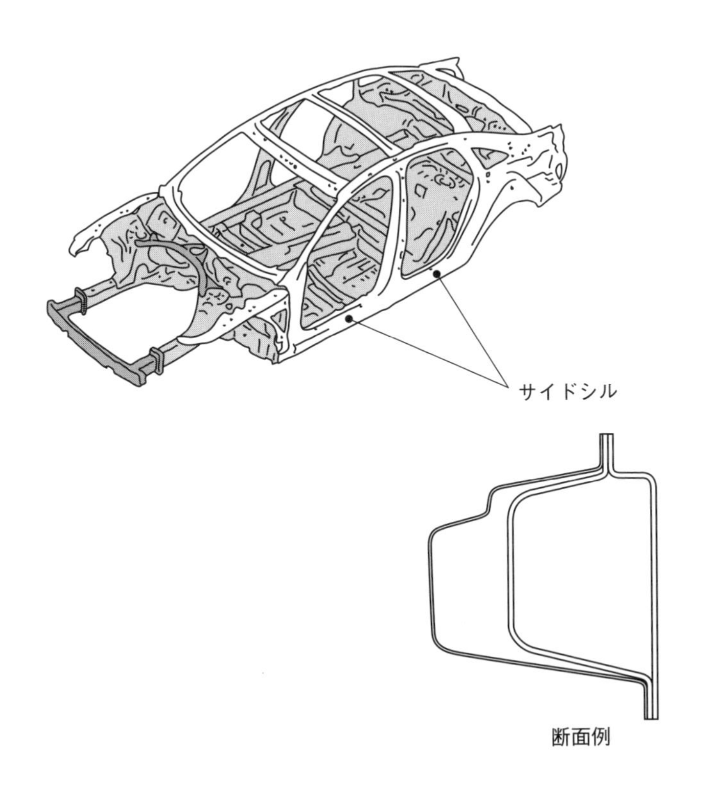

主な役割	内　容
• 側面衝突に対応する	・側面衝突時にキャビンの変形を抑える重要なフレームで、特にＢピラー下部を支える役割は大きい
• ボディ剛性に寄与する	・アンダーボディ両側端の重要なフレームで、ボディ剛性高低の感度が高い ・フロントサイドフレームとリヤフレームとはタイヤ幅ほど外側に配置されるため、結合部の構造が剛性に大きく影響する

図 5.17　サイドシルの主な役割

リヤフロア（パネル）は同様に広い面積の板場でもあるので、面の剛性やフレームの剛性が低いと、路面からの衝撃によって面が振動し、ドン、ドンと太鼓を叩くような「ドラミング」と呼ばれる不快な音が発生することがある。また、フロントフロアと同様にこもり音も発生しやすいので、設計をする際にはフロントフロアと同様に、フレームの配置とパネルの面剛性を十分考慮することが大切である。

リヤフロアの車軸方向フレームは、後面衝突した場合、入力される荷重を受け止める役割と、床面の変形をできるだけ抑えて後席乗員のダメージを少なくする役割を持っている。リヤフレームの場合は、フロントボディのサイドフレームと同様に、衝突エネルギーをできるだけ効率よく吸収して車体の変形を抑え、乗員や燃料タンクを保護する（燃料漏れの防止）重要なフレームでもある。また、サスペンションからの荷重が入る場所においては強度も勿論必要であるが、取付け部の剛性が高いことも重要な条件になる。剛性が高ければ、乗り心地や操縦安定性にも良い影響を与えることになる。剛性を評価する方法の一つとして、実車のボディ側取付け部に加振機で振動を与え、その時の力と速度からメカニカルインピーダンスを求めるやり方がある。インピーダンスをどの位の数値にするかは、操縦安定性を判断するエキスパートの意見や目標とする商品性、コスト、重量などを総合的に判断して決めていくことになる。

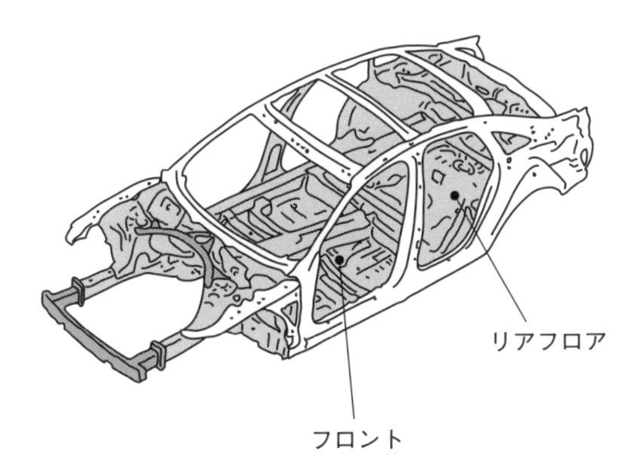

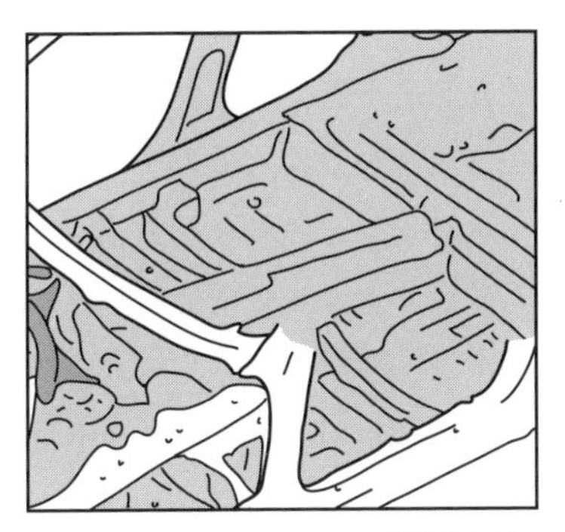

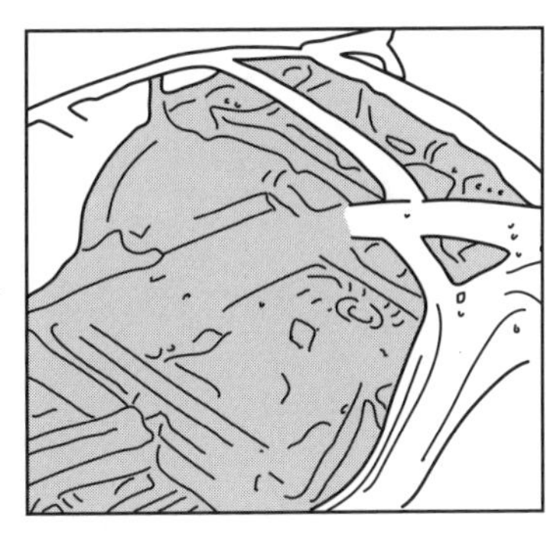

図 5.18　乗用車のフロア

5-6 ボディのCFRP軽量化設計

CFRPによる自動車ボディの軽量化設計について、SIM-Drive（シムドライブ）が2011年から2013年にかけて開発した2台の試作車（ボディの一部に熱硬化性CFRPを採用した電気自動車）の設計から製作までを紹介しながら説明をしていくことにする。

5-6-1 シムドライブの誕生

シムドライブは、慶應義塾大学電気自動車研究室（神奈川県川崎市）の清水浩教授（当時）が2009年に、量産につながる電気自動車の走行試作車を開発するベンチャー会社（正式名称＝株式会社SIM-Drive）を設立したことに始まる。それ以前は、大学の研究室で数多くの電気自動車車を開発されており、中でも本格的スポーツカー・ポルシェも寄せ付けない圧倒的な速さで走る8輪駆動の「エリーカ」（**図5.19**）が多くのマスコミにも紹介された。そして、全輪（8輪）をインホイールモーターで、しかもスタートから最大トルクの駆動力がつくり出す「異次元」の加速感は、乗る人の全てに驚きと感動を与えた。

しかし一方で、2トンを超える重い車両重量と、アルミ合金押出し材の大型矩形断面フレーム（4本）などで造られたシャシーフレームの上に、丸パイプを曲げて溶接した骨格フレームを接合する車体構造（**図5.20**）が量産化を遠ざける大きな課題となっていた。

そこで、エリーカで集大成された電気自動車独自の基盤技術を量産可能となる試作開発車で具現化し、1年間という短期間で開発することに賛同する多くの企業と協力して、電気自動車の新たな開拓史をつくることをめざすことになった。

図 5.19　電気自動車「エリーカ」
（慶應義塾大学電気自動車研究室）

図 5.20　電気自動車「エリーカ」の車体
（慶應義塾大学電気自動車研究室）

5-6-2　シムドライブ１号車の開発　～電気自動車用スチール製モノコックボディ＝

最初に開発した１号車のボディは、迷うことなくオールスチール製モノコック構造で造ることになった。なぜなら、世界の自動車メーカーがつくるボディのほとんどがモノコック構造であることから、同じ構造で先ず証明してみることが次のステップに向けてやらなければならない基本的な課題であると判断したからである。

そして、ガソリンエンジン、ミッション、エキゾーストパイプ、ガソリンタンクの代わりに、400 km 以上の航続を可能とするバッテリーと制御系機器のほとんどすべてのパーツを、室内床下に収納する「コンポーネントビルトイン式フレーム」と呼ぶユニークな構造方式を「エリーカ」から引き継ぐ形で、量産車用に開発することになったのである。

車体構造の基本概念である「コンポーネントビルトイン式フレーム」でつくられるプラットフォームの特徴は、床下に電源系のほとんどすべてを収納しているにもかかわらず、乗り降りする際の乗降性に影響を与えるサイドシルの上端高さが従来の車と同等にすることが可能で、しかも、サイドシル上端とフロアの段差が無い完全なフラット面をつくることができることである（**図 5.21**）。また、重量の重いバッテリーがすべて床下に収納されることから車両の重心位置が下がり、高速の旋回でも比較的安定して走行することができる。

収納部の部品組付けは、スチール製フロアの上にインバーターなどの電源制御系機器類を室内からセットした後にワイヤーハーネスを接続し、最後に、アルミハニカム製のプレートでフタをする（完成車はこの上にカーペットを敷く）。

リチウムイオンバッテリーは、車両中央部の前後長手方向に設けられたボックス断面内に前方から挿入して固定するする。この大型の矩形断面を持つボックス構造は、ボディ剛性と前面および後面の衝突性能を高める大きな役割ももっている（**図 5.22**、**図 5.23**）。さらに、スチール製のフロアと収納部のフタで

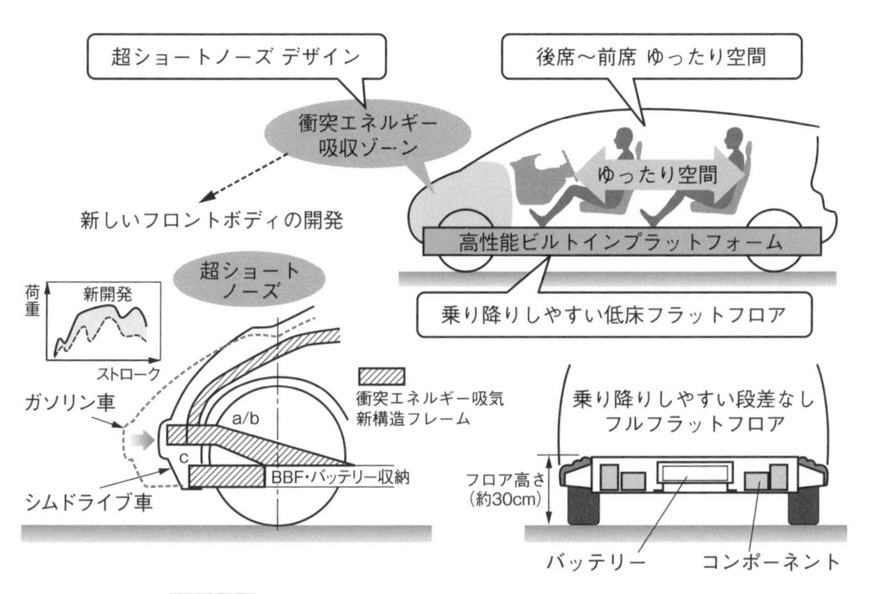

図 5.21　シムドライブが開発した車体構造の考え方

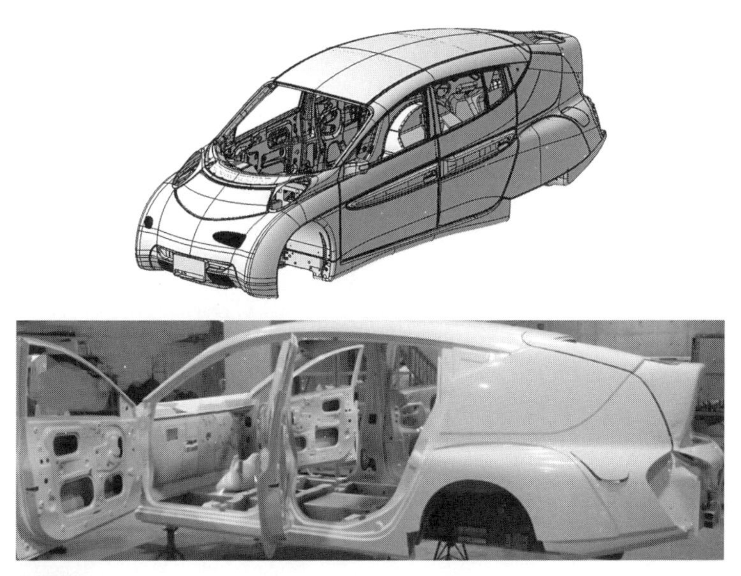

図 5.22　シムドライブが開発したスチール製モノコックボディ（1 号車）

あるアルミハニカムプレートでつくられるフロア二重構造が、居室下部の高い剛性と優れた遮音性をつくりだしている。

フロントボディには言うまでもなく、エンジンやミッションなど大きなサイズの固体物が無いので、衝突の際、変形してエネルギーを吸収するクラッシャブルゾーンを効率良く活用できるため、エクステリアデザインは電気自動車らしい超ショートノーズの形をつくることができた。

その結果、室内のパッケージングでは、前席のシート位置を前方に移動させることができ、後席乗員の足元広さを大幅に拡げることにつながった。ちなみに、後席と前席シートの間隔は国際線航空機のプレミアムクラスシートおよびJR在来線グリーン車のシート間隔とほぼ同等の長さになっている。全長5メートル未満の乗用車で脚を組むことができる快適性は、従来のガソリンエンジン車では実現させることが難しかった新しい世界の商品魅力を生んでいる。

プラットフォームおよびフロントボディの構造の特徴を以下に説明する。

日本の保安基準では、衝突安全上バッテリーの前端と後端の位置がそれぞれ車両前端および後端からの距離が規定されている。前述した車両中央にある大型の矩形断面をもつボックス型フレームが、アプローチアングルなど構造上許容できる範囲まで前方に伸びており（内部のバッテリー位置は基準位置を守っている）、その上にサイドフレームに相当するフレームをやや屈曲した形状で接合している。サイドフレームの先端には、海外のバンパービーム試験に対応した地上からの高さ（約450 mm）にバンパービームを取付けるエクステンション（クラッシュボックス）を組付けている。この左右にあるサイドフレームと中央部のボックスフレームが、衝突開始から早いタイミングで衝突荷重を立ち上げ、その後、エンジンなどの大型固体物が置かれていないこともあり、効率よくクラッシュ（変形）して衝突エネルギーを吸収する。

また、この大型の矩形断面フレームは、車体全体が捩られるといわゆるトルクチューブの役割も果たし、コンピューターによる計算では、ボディ全体のねじり剛性を高める大きな効果をつくり出している（**図5.24**）。

開発の中では、もう少し剛性を落として軽量化を増やすアイデアもあったが、

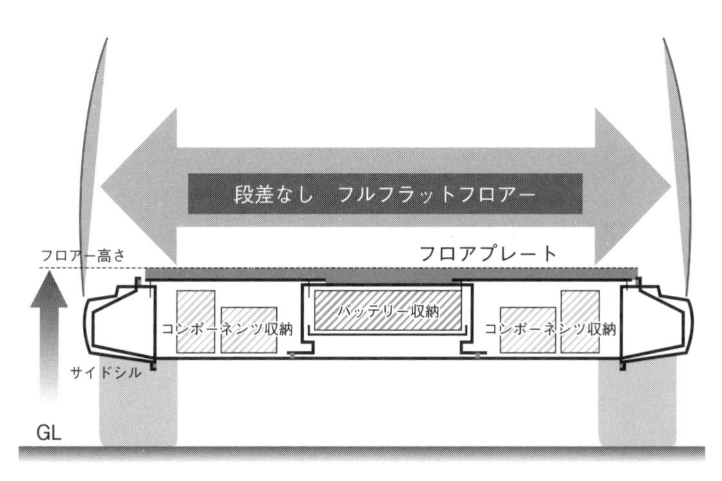

図 5.23　シムドライブが開発したコンポーネントビルトイン構造（フロア収納部断面）

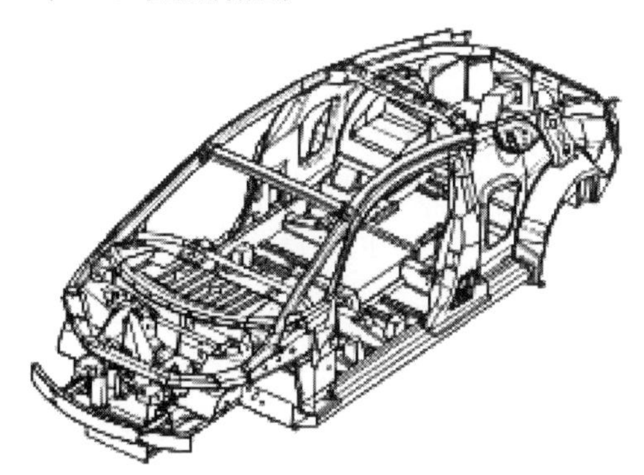

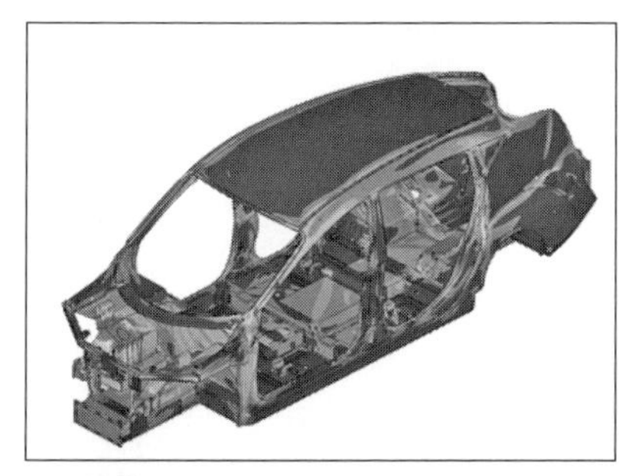

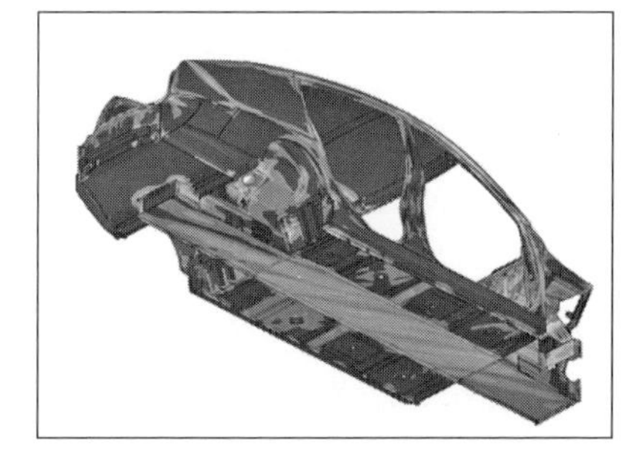

図 5.24　シムドライブ１号車（スチールモノコックボディ）のねじり計算結果（リヤ固定／フロントダンパーベース逆方向入力）

高剛性ボディが揃う欧州車のトップクラスに肩を並べる性能を持っていることを先ず確認し、次の開発ステップで、同等の剛性を確保しながら軽量化の技術開発を進めていくことを選択した。

以上、シムドライブ設立後、初めて開発した1号車のホワイトボディは、エリーカのアルミ押出し加工による大型フレームとスチール製丸パイプフレームを組み合わせたボディ構造から、スチール製プレス成形部品の接合による純モノコック構造に変更し、衝突安全性と高剛性を両立させた量産車向けのボディ構造になっている。

シムドライブが製作する電気自動車の駆動方式は、4つのタイヤそれぞれに駆動用モーターを取付け、変速ギヤを介さずに直接動力を伝える「ダイレクトドライブのインホイールモーター方式」を採用している。

既存の自動車メーカー以外で、誕生したばかりの小さな民間会社が、1年という短い開発期間の中で、オリジナルデザインの製作から設計、試作車製作、テスト評価、認証テスト、車検取得まで多くの企業の協力を受けながらも全く新しい電気自動車を開発できたことが大きな話題になり、多くのマスコミにも取り上げられた。2011年4月、NHKBS放送のドキュメンタリー番組では「タイヤにモーターが入るとき」というタイトルで1号車の開発記録が放送されたのに続き、海外放送用にも編集され、世界各地で放映されたのである。

5-6-3　CFRP部品を採用した電気自動車の開発

スチール製モノコックボディの1号車が発表されてまもなく、2号車の開発がスタート、さらにその翌年には3号車の開発が進んでいった（**図5.25**）。

ボディの領域では、次の開発目標を掲げた。

- CFRPボディ部品の開発
- 軽量高剛性と衝突安全性を高い次元で両立させる新しいCFRP–金属ハイブリッドボディ構造の開発

・EU 車トップクラスと同レベルの高いボディパフォーマンス

(1) CFRP を使った軽量化部品の考え方と製品開発

電気自動車に限らず、CFRP を使ってどういう構造にし、どういう部品に適用していくかについては様々な考え方がある。制約を受ける条件としては、コスト（投資を含む）、高い生産性、開発する技術の量産化できる見通しなどがある。２号車、３号車とも基本設計から開発車の認定取得まで約 9ヶ月という非常に短い開発期間であることから、１年ごと（1 台ごと）にステップアップしていく方針にした。

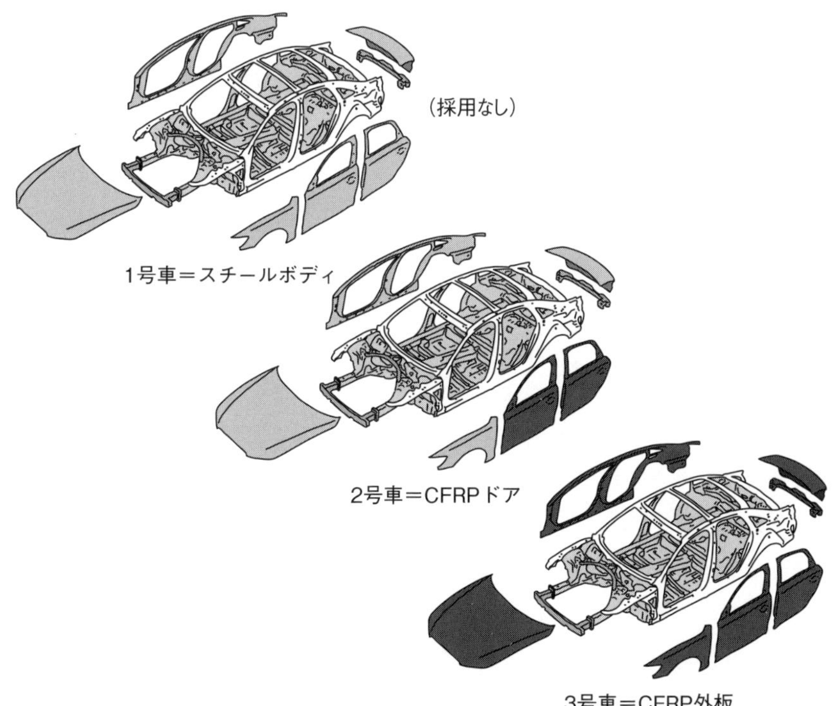

図 5.25　シムドライブ（1 号車〜3 号車）のボディへの CFRP 採用

CFRPを使ってどういう構造のボディにし、どういう部品に適用していくかについては、以下の考え方に集約して開発を進めることにした。

(2) デザイン外板部品

フード、ドア、フェンダー、トランクおよびバックドアこれらの部品は、ボディ骨格のように衝突や大荷重にも耐え、高い剛性が求められる構造体と比較すれば安定した外観品質を維持する難しさはあるものの、CFRP化はそれほどハードルが高くないと思われる。

フェンダーを除く部品(フード、ドア、トランクまたはバックドア)は、デザイン面になるスキンとその裏側にある補強用パネルを外周部で接合する二枚板の構造になっている。材質がスチールの場合、接合はスキンの外周端部を180度折り曲げてパネルを挟み込むへミング構造を採用する。

しかし、スキンをCFRPにする場合は、180度折り曲げることができないので、外周部に10～15 mmほどの合わせ面をつくり、接着剤を塗布して接合する構造とする。

デザイン外板となるスキンは、外観特に面精度に高い品質が求められることから、熱硬化性プリプレグシートの場合は3Kレベルを使用する。また、面剛性は、スチール薄板(0.8 mm前後)と同等の面剛性(例えば、一定荷重で押したときのたわみ量)となるように、デザイン面の曲率と板厚を設定する。

ドアは、CFRPでサッシュ部も一体でつくろうとすると、サッシュ部の剛性が不足する可能性がある。サッシュ部の剛性が不足しているとドアを閉めたとき、室内と室外を遮蔽する中空ゴム製のシールを潰しきれず、シール力が不足することになる。このような状態で走行すると、室内の空気が強く吸い出され、雑音として聞こえるようことにもなる。対策としてはサッシュ部の断面を太らせて剛性を高める方法もあるが、視界を狭くすることにもなるので、サッシュ部は本体と別物のスチールやアルミなどで設計する検討が必要である。

ドアやフード、バックドアなどヒンジやロックを取付ける部位など特に強度(繰り返しの開閉耐久強度など)が必要な場所には、CFRPの板厚を増やすか金属製の板材などを加えて補強する。

実際に製作した部品について以下説明をする。

図 5.26 および**図 5.27** に熱硬化性 CFRP をオートクレーブで成形加工した２

図 5.26　シムドライブ２号車の CFRP ドア（4 枚）

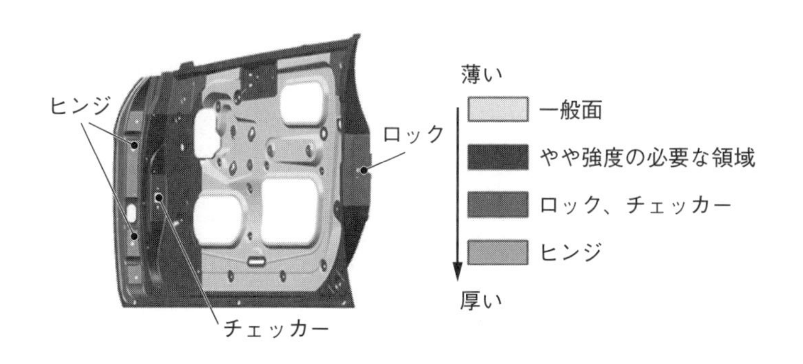

図 5.27　熱硬化性 CFRP ドアの局部強度対応

号車のドアを示す。一般面を薄肉化して、強度の必要な部位にプリプレグシートを数枚重ねて補強する方式を採用した。

表5.3 スチール製とCFRP製ドアの重量比較

	1号車 スチールドア	2号車 CFRPドア
重　量	60 kg	33 kg
軽量化		−27 kg (−44 %)

表5.3は1号車のスチール製ドアと2号車のCFRP製ドアのそれぞれ4枚合計の重量を比較したものである。両車のドアサイズは多少異なるが、CFRPによる軽減効果はマイナス27 kg（40 %減）となった。

CFRP製ドアの変形および破壊モードを現物検証するために、**図5.28**に示すような3点曲げ用の治具をつくり、大型万能試験機を使って静押し荷重の試験を実施した。比較のために、ドア内部に補強用ビームを入れた欧州車のスチール製ドアも同装置で試験をおこなった（実施場所と試験器：神奈川県産業技術センター、静押し万能試験機）。

試験は、変位をコントロールし、そのときの荷重を計測し、荷重—変位線図を得ることにした（**図5.29**）。

試験の結果は、写真でも明らかなように、スチール製ドアは塑性域まで変形すると荷重をゼロに戻しても大きな変形を残すが、CFRP製ドアは試験前に近い状態に形が戻る。ただし、今回のドアのデザイン突起形状に載荷点となる治具が最初に接するため、線状に亀裂（破断）が入り、また、変形途中で炭素繊維が破断する音が頻繁に発生した。

このことから、例え形状が元に戻っているように見えても内部の炭素繊維状態をどのようにして発見していくのか、またどのように評価していくかなど、CFRPの今後の課題も明らかになった。

大型万能試験器

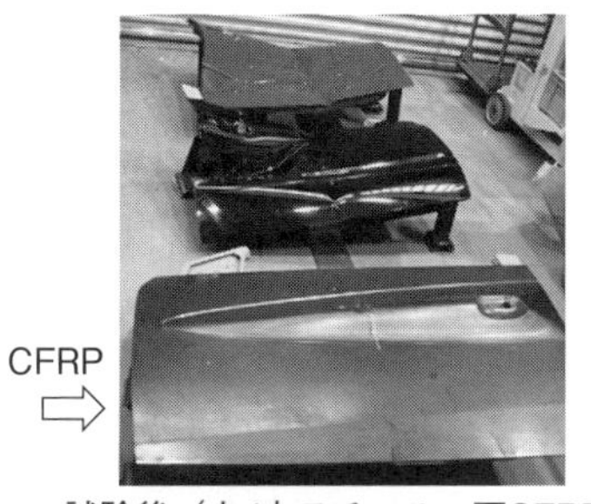

試験後（上/中スチール、下CFRP）

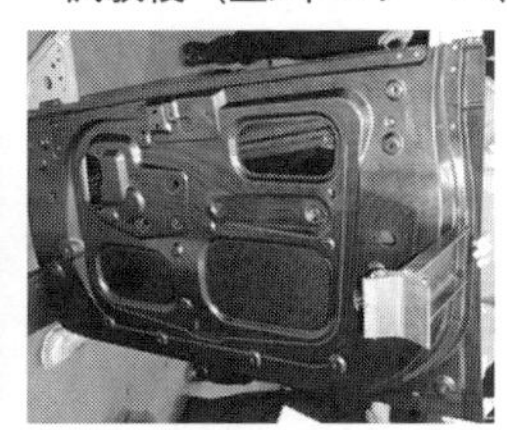

試験前のCFRPドア（ビーム無し）

図 5.28　ドア３点曲げ試験（CFRP、スチール）（試験は神奈川県産業技術センターで実施）

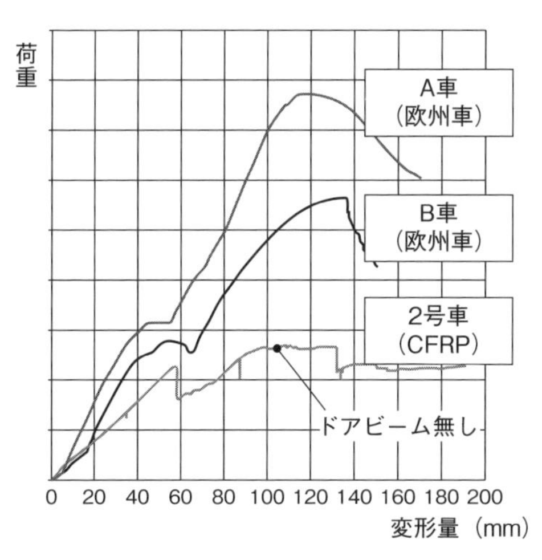

図 5.29　ドア３点曲げ静押し試験結果

(3) 骨格フレーム部品およびパネル類

骨格にCFRPを使用する場合、スチール製モノコック構造と同じ断面では、目標とする衝突安全性および強度、剛性を確保することは難しい。CFRPは、熱硬化性、熱可塑性いずれも引張強度は高いものの、圧縮強度と曲げ剛性がスチールに比較して低い値を示している。これに対応するためには、板厚を増すことや断面の大きさを増すことなど断面性能を高くすることが有効である。しかし同時に、重量が増し、コストも上がることにもなるので、全体のバランスの中で、軽量化効果が最も発揮できる断面を設定できるかどうかが大きなポイントになる。

前述したように、骨格部材に掛かる力は、通常走行では主に曲げと捩りそれぞれ単独もしくは合成された成分である。また、前面衝突と後面衝突の場合、前後方向に配置されているフレームは、主に軸圧縮（圧壊）と曲げの変形モードであり、側面衝突では、曲げと圧縮（圧壊）の変形モードであると考えることができる。したがって、引張り力のみによって変形する骨格部材はほとんど見ることができない。曲げモードでは、部材の内部に引張り応力と圧縮応力が発生するが、前述したように、CFRPの圧縮強度は、引張り強度に比べて低くなるので、設計をする際には特に圧縮強度にも注目して、使用する材料の許容応力以下になるように各仕様を決めていくことになる。

剛性は、変形のしにくさを表していると言えるので、構造体においては、部材そのものの剛性だけではなく、構造体（骨組み）全体の剛性を高める工夫をすることが重要である（**図5.30**）。前述したように、部材同士が結合される箇所、例えばAピラー、サイドルーフレール、フロントルーフレールが集合している箇所の結合効率を高めるだけでも全体の剛性は上がるのである。

CFRP製ドアを開発したシムドライブ2号車に続き、3号車（**図5.31**）ではデザイン外板のすべてをCFRP（リヤのタイヤスパッツのみ植物由来樹脂）で製作した。開発期間1年間という制約の中では骨格まで含めてCFRPにチャレンジすることは、物理的にも難しいため、次ページに示すハイブリッドボディ構造の開発を進めた。

アッパーボディ構造
(フランジ一体の熱間ガスブロー成形形状)

シムドライブ2号車

モノコック+スペースフレーム構造

図5.30　シムドライブ2号車と軽量高剛性骨格

ルーフ
バックドア
フード
アウターパネル
スパッツ
フェンダー
ドア(スキン、フレーム)

シムドライブ3号車

外板は全てCFRPと植物由来樹脂(スパッツ)

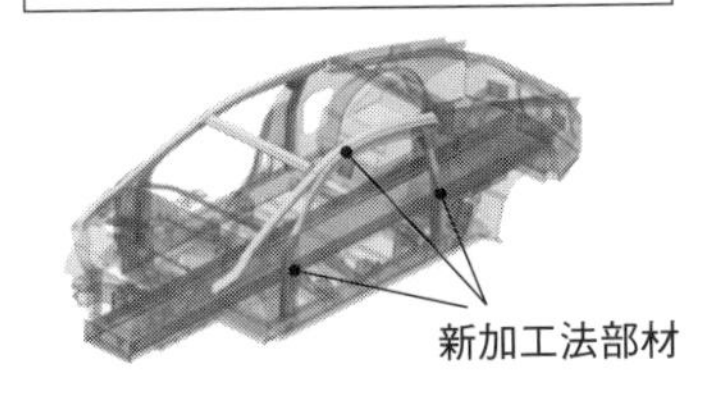

骨格は鋼板プレス加工部材と新加工法部材

図5.31　シムドライブ3号車とCFRP部品

アッパーボディの主要な骨格であるAピラーとそれに続くサイドルーフレール、そしてそれらの左右をつなぐルーフレールには、素材の丸形鋼管を複雑な形に成形し、かつ溶接用フランジも一体とする新しい加工方案の形状を採用した。その結果、当初の目標である欧州車トップクラスと肩を並べる軽量かつ高剛性のボディを開発することができた。表4.3で紹介したように、外板のCFRP化により、スチール仕様と比べて約80 kgの軽量化を達成することができた。

ちなみに、ドア4枚をもつ2号車のねじり剛性値とLWI（ライトウエイトインデックス）値はアウディA8を始めとする欧州車のトップクラスに入るボディのパフォーマンスを備えていた。

ねじり剛性値：36.1 kNm/deg LWI：2.1 （LWIについての説明は、図1.19を参のこと）

(4) 接着接合

2号車のドア製作は、熱硬化性CFRP同士（スキンとパネル）であり、3号車では、熱硬化性CFRPのデザイン外板とスチール製の骨格フレームの異種材料を接合する設計仕様であるが、いずれもエポキシ系接着剤を使用した。

接着剤の厚みについては、鋼板同士の接合で用いられる構造用接着剤の場合は0.1 mm前後としているが、CFRPの接合で用いられる接着剤では1 mm前後がよいとされる。特にデザイン外板のような薄板部品にCFRPを使用する場合はできるだけ応力を負担させずに、内部の骨格フレーム（スチールやアルミ、もしくはCFRPいずれの場合でも）で強度や剛性を保つ考え方もある。あまり薄くても隙間の精度管理が難しく、厚くすると接着剤自体の剛性がボディ全体の剛性に影響を及ぼすまでになることが考えられる。

図5.32に示すように鋼板をスポット溶接するとき、通常40 mm前後の間隔

をとり、溶接１打点当たりの剪断強度は、ナゲット径や材料仕様にも依るが、およそ15 KNとする。接着接合の場合は、フランジの幅を拡げてスポット溶接と同等の強度になるよう接着面積を確保することになる。

ただし、熱可塑性CFRPの接合で、フランジ幅を拡げただけでは目標とする接着強度が得られない可能性があるので、ファスナーやリベットなどの機械的接合を併用することになる。

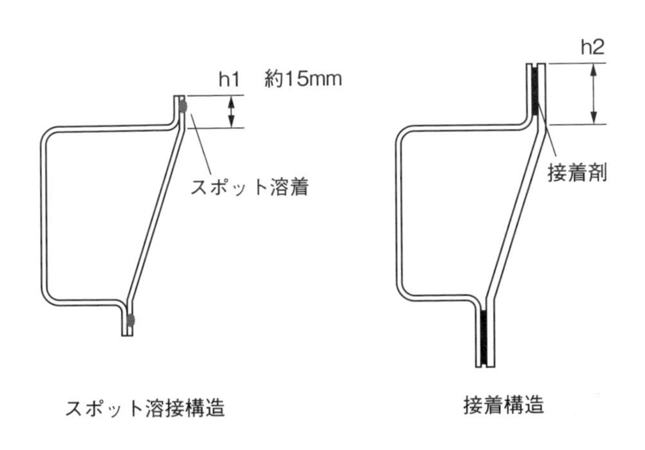

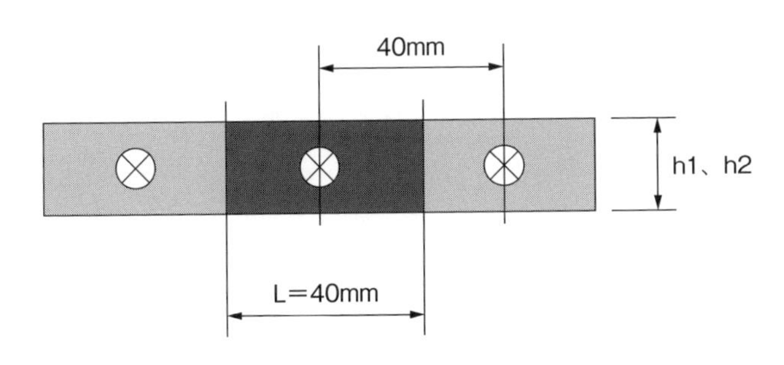

図 5.32　CFRP接着接合の場合は、接着面積を確保する

5-7 BMWの採用事例

次に、ボディ骨格にCFRPを採用した量産車の事例を見ることにする。

BMWi3は、ドライブモジュールと呼ぶアルミフ製シャシーフレームに、ライフモジュールと呼ぶ熱硬化性CFRPと熱可塑性樹脂のモノコックボディを接着剤とボルトを使って接合する車体構造になっている。完成車としての車両重量は1,260 kgで従来の同等車に比べて250 kgから350 kgほど軽量化されているという。

ドライブモジュールは、サスペンション、バッテリー、駆動系などの部品を取り付けるプラットフォームの役割を担っている。また、タイヤから入力される不規則な荷重や縁石にぶつかった時の衝撃的な荷重などを受け止めることや、駆動系～操作系～サスペンション～タイヤといった一連の重要部品を精度良く取付け、さらには衝突安全性、乗り心地、操縦安定性など車体の強度や剛性を保つプラットフォームとしての役割を担っている。この領域をCFRPに置換できるまでの材料物性、設計技術、各種実験データ、市場の信頼性などの情報が十分揃っておらず、今後の開発に期待するところが多い。

一方のライフモジュールは、熱硬化性CFRPと熱可塑性樹脂を主体とした快適な居室空間をつくる役割を担っている。熱硬化性CFRPはボディ基本骨格を形成し、熱可塑性樹脂はドア、フェンダー、フード、テールゲートの組み付け部品に採用されている。構造は、基本的にモノコック構造の考え方を採用している。重要な骨格は2枚の成形品を接着剤で接合して連続した箱型形状の閉断面を形成している。

接合は、両部品のフランジ面に接着剤を塗布した後、治具で加圧、加温しておこなっている。一般的な乗用車のスチール製モノコック構造では4000点を超えるスポット溶接で1台分を接合するが、i3のCFRPモノコック構造では173 mの接着剤と140点を超えるリベット類などで接合されている。成形品の厚みは、スチールは通常0.7 mm～2.0 mmの厚みの鋼板材料を使用するが、熱硬化性CFRPの場合は、曲げ弾性率がスチールに比較して低いこともあり、肉厚を数倍に増して対応している。

このようにしてつくられたCFRPモノコックとアルミフレームを組み合わせた車体は、曲げ剛性（Static bend stiffness）が18.9 kNm/mm、捩り剛性（Static torsional stiffness）が27.2 kNm/degとなっている。

衝突安全性においてはどうか。

前面フルラップ衝突と40％オフセット衝突はアルミ製シャシーフレームがかなりのエネルギー吸収分を負担していると考えられるが、25％オフセットのスモールオーバーラップではフロントのサイドフレームからほとんど外れてしまうので、タイヤからダイレクトに入力されるAピラーやサイドシルのラ

フロントボディはアルミフレーム

サイドシルとフロアー

Aピラーからサイドルーフレーム

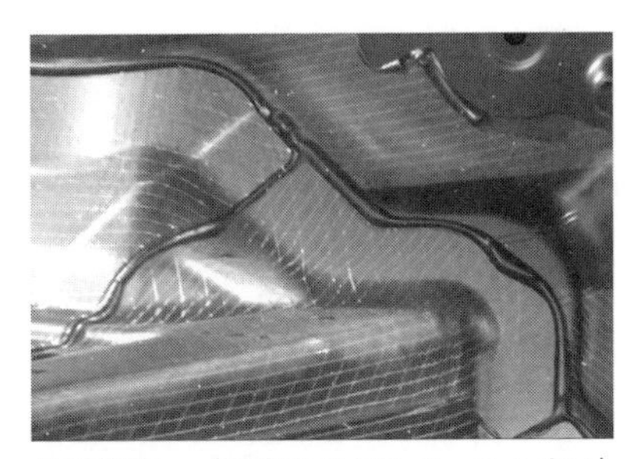

接着幅広い（写真はリヤホイールハウス）

図5.33　BMWi3
（2013年11月・東京モーターショーにて筆者撮影）

イフモジュール（熱硬化性CFRPのボディ）がエネルギー吸収と反力を担う構造になっている（**図5.33**）。また、側面からの衝突に対しては、観音開きのドア側に組み込まれたBピラーとライフモジュールさらにドライブモジュールで対応していると思われる。前席シートを取り付けるフロア側フレームは、局所的な耐久強度の信頼性を高めるため、CFRPではなくアルミシートをプレス加工したハット型フレーム上面に、あらかじめナットを取付けたプレートを溶接する構造を採用している。

以下に、ボディ部品の構成を説明する。

材料構成は、熱硬化性CFRPが49.4％、熱可塑性樹が9.6％、アルミは19.2％になっている。サイドパネルアウターなど大物部品は、単品のプリフォーム品をRTM工程で一体成形している。

ドア、フード、テールゲート、フェンダーの組み付け部品を除いたホワイトボディは、全体の約49％に熱硬化性CFRP、約10％に熱可塑性樹脂、そして約19％にアルミをそれぞれ使用している。残りは、スチールと接着剤等である。

CFRPの部品点数は34で、その内13の部品がRTM成形でつくられている。それらのRTM部品は、それぞれ複数個のプリフォーム部品を一体化したものだが、その数は13部品の合計で48に及ぶとしている。

第6章

CFRPによる自動車軽量化設計の課題と将来展望

6-1 CFRP軽量化設計の課題

CFRPを使った自動車の軽量化設計を進めていくうえで考えられるボディの種類は以下のものが考えられる。

1. スチールやアルミなど金属とCFRPのハイブリッドボディ
2. 重要な部位にアルミなど金属を併用（補強）したCFRPボディ
3. CFRPを主体とするボディ

1. のハイブリッドボディは、スチールやアルミさらにはマグネシウムと組み合わせてボディ各部位毎に最適化した軽量材料を適用していくものである。

2. の重要な部位とは、特に衝突に関連するフレームおよびサスペンションからの入力部位に使用するフレームなどを指している。例としては、本書でも紹介したトヨタレクサスLFAやBMWi3がある。

3. のCFRPを主体とするボディは他に比べて最も大きな軽量化が見込めるが、アルミに頼っている領域をどのようにしてCFRPへ置換していくのかということが大きな課題になる。また、ボディの重要な要求特性に対してはどのように考えていけば良いのであろうか。

衝突安全については、衝突エネルギーを吸収する役割を与えるCFRPフレームにどこまで持てる性能を発揮させることができるかが重要になる。実際の衝突では、フレームの軸方向に理想的な圧壊をすることは極めて限定的で、むしろ相当量の曲げ変形・座屈になることを想定してフレームの断面性能と周辺の構造を決めていく必要がある。また、前述したようにフレームのエネルギー吸収量は単体評価だけから判断するのではなく、反力を生じる受け側の動的強度を含めた構造系の評価をしなければならない。

剛性、強度については、特にサスペンションからの入力が集中する部位および周辺におけるCFRP部品の剛性（面外の剛性評価またはメカニカルインピーダンス評価）、耐久強度、疲労などについて、またCFRPでは欠かせない材料内部の破断、亀裂の診断・評価方法についてもスチールやアルミと比較評価していくことになる。

骨格フレームの仕様は、成形品2部品を閉断面状に合わせて接合する従来のモノコック構造だけではなく、レクサスLFAのAピラーに見られるような強度と剛性を高めるチューブ骨格構造も今後の重要な研究テーマに挙げられる。将来はチューブの成形と接合が複合してつくられるCFRP特有の構造が軽量化設計の重要な変革をもたらすかもしれない。

次に、目標とするボディの重量をどのように考えていけば良いのであろうか。

NEDO（新エネルギー・産業技術総合開発機構）によるプロジェクトは、現行スチールボディの1/2重量（400 kg→200 kg）化を目標に掲げている。この数値は平均的乗用車の車両重量に対しておよそ15％の軽量化に相当する。これを一つの目標としていくとすれば、達成していくためにはどのようなボディ構造に向かっていくべきなのか、過去の量産実績と次に述べる将来展望を含めて選択していく必要がある。

6-2 CFRPの将来展望

それでは、自動車におけるCFRPの将来展望はどのようなことが考えられるのであろうか。

カギとなるのは、以下の項目である。

1. 高いコストをどれだけ低減できるか
2. 自動車ボディでは今まで金属以外使用していなかった領域にCFRPがどれだけ置換していけるかという技術的な見通し
3. 自動車を購入するユーザーの地球環境に対する意識の向上

1. の「高いコストの低減」のうち生産コストについては、成形加工時間を大幅に短縮することが基本だが、自動車ボディのケースでは部品単位だけではなく、部品同士を接合して1台分の骨格構造になる工程まで含めたトータルコストを対象にすべきである。したがって今まで繰り返し述べてきたように、従来からのモノコック構造だけを設計の前提にするのではなく、新しい発想を採り入れたCFRP特有の構造設計を開発していくことが重要になってくる。

2. の「CFRPがどれだけ置換できるか」については、最終的にアルミなどの金属を併用する部位が一部に残るものの、CFRP比率を更に高めていく構造設計の開発は比較的早い時期に確立していくものと思われる。

3. の「地球環境に対する意識の向上」は、今後、コストを大幅に低減できる技術が開発されたとしても、年を追う毎に厳しくなる燃費規制やCO_2排出規制を確実に達成していくためには、ある程度車両への価格反映は止むを得ないということをユーザーに理解してもらうことが大切になる。そのために自動車メーカーとしては、開発した車の環境コンセプトを明確に説明していくことが求められるようになる。

図6.1は、ボディ重量の位置づけをCFRPと他の材料を比較して表したものである。現行スチールボディの1/2となる200 kgを実現するためには、CFRP主体のボディを設計していくことが最も近いといえる。上記の3点が将来の自動車におけるCFRPの位置づけを決める重要な要素になるであろうし、これらを集約した自動車（ボディ）の軽量化設計が体系化され、現場で活用されるようになれば、CFRPへの期待はさらに大きくなっていくであろう。

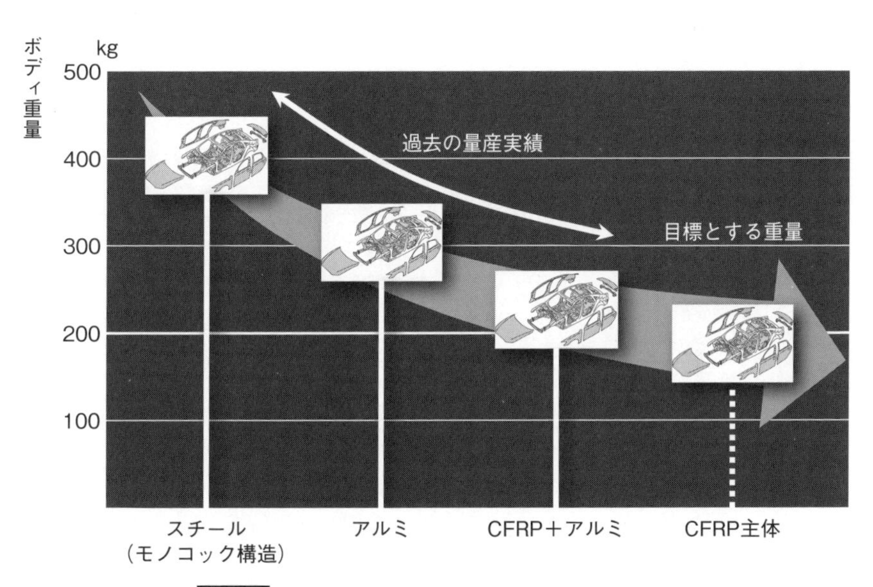

図6.1　自動車のCFRPボディの今後の方向性

索　引

【た 行】

【な 行】

【は 行】

【ま　行】

【や　行】

【ら　行】

【英　字】

《著 者 略 歴》

小松　隆（こまつ　たかし）

1976年　本田技術研究所入社
　　　　乗用車車体設計、プロジェクトリーダー、チーフエンジニア

1995年　ホンダ系車体部品メーカー
　　　　金属塑性加工、衝突試験設備による衝突安全、ホンダオデッセイ用ハイドロピラーなどの商品開発、常務取締役開発本部長

2010年　リンツリサーチエンジニアリング株式会社設立

2010年〜2012年　慶應義塾大学大学院　政策・メディア研究科特別研究教授、特任教授（自動車車体）

2010年〜2013年　SIM-Drive（シムドライブ）電気自動車先行開発試作車の車体設計開発統括業務を受託。電気自動車の特徴を生かした新しい車体構造とCFRPによる軽量ボディを開発

2012年〜2015年　（財）石川県産業創出支援機構「自動車車体部品に対応した熱可塑性CFRP材のプレス成形技術の開発」研究開発委員会アドバイザー

2016年〜　石川県プレス工業協同組合　ものづくり中小企業・小規模事業者連携支援事業委員会（CFRP関連事業）委員

現在　　リンツリサーチエンジニアリング株式会社　代表取締役
　　　　技術コンサルティング、技術支援、講演、執筆など

図解　CFRPによる自動車軽量化設計入門　　NDC 501

2017年1月30日　初版1刷発行　（定価は、カバーに表示してあります）

©著　者　小　松　隆
発行者　井　水　治　博
発行所　日刊工業新聞社
東京都中央区日本橋小網町14-1
（郵便番号　103-8548）
電　話　書籍編集部　03-5644-7490
販売・管理部　03-5644-7410
ＦＡＸ　03-5644-7400
振替口座　00190-2-186076
URL　http://pub.nikkan.co.jp/
e-mail　info@media.nikkan.co.jp

印刷・製本　美研プリンティング

落丁・乱丁本はお取り替えいたします。　2017 Printed in Japan
ISBN978-4-526-07659-6